占领你的身体

微生物是「好舍友」
还是「坏邻居」

〔德〕马库斯·埃格特
〔德〕弗兰克·撒迪厄斯 —— 著

伍冰 —— 译

人民日报出版社
北京

图书在版编目(CIP)数据

占领你的身体：微生物是"好舍友"还是"坏邻居"/
(德)马库斯·埃格特,(德)弗兰克·撒迪厄斯著;伍冰译
. — 北京：人民日报出版社, 2021.4
ISBN 978-7-5115-6938-7

Ⅰ.①占… Ⅱ.①马… ②弗…③伍… Ⅲ.①微生物
–普及读物 Ⅳ.①Q939–49

中国版本图书馆 CIP 数据核字(2021)第 045254 号

著作权合同登记号 图字:01-2021-0925
© by Ullstein Buchverlage GmbH, Berlin. Published in 2018 by Ullstein Extra
Verlag

书　　名：占领你的身体：微生物是"好舍友"还是"坏邻居"
　　　　　ZHANLING NI DE SHENTI: WEISHENGWU SHI "HAOSHEYOU"
　　　　　HAISHI "HUAILINJU"
著　　者：[德]马库斯·埃格特　　[德]弗兰克·撒迪厄斯
译　　者：伍　冰

出 版 人：刘华新
责任编辑：毕春月　苏国友

出版发行：人日日报出版社
社　　址：北京金台西路 2 号
邮政编码：100733
发行热线：(010) 65369509　65369512　65363531　65363528
邮购热线：(010) 65369530　65363527
网　　址：www.peopledailypress.com
经　　销：新华书店
印　　刷：天津鑫旭阳印刷有限公司

开　　本：880mm×1230mm　1/32
字　　数：135 千字
印　　张：8
版次印次：2021 年 6 月第 1 版　2021 年 6 月第 1 次印刷

书　　号：ISBN 978-7-5115-6938-7
定　　价：48.00 元

如发现编校差错或印装问题,请拨打售后服务电话010-82838515

谨以此书献给

———

马西米利亚诺·卡迪纳尔
迪特马尔·埃格特和多里特·埃格特

目录

1 / 是不是病菌

59 / 细菌不是独行侠

前言

有一次我太太说："我只是从报纸上得知你应该是个卫生专家。"她的意思是，尽管身为微生物学和卫生学教授，但我在家里的表现却和爱干净的人颇不相称。

我承认，私下里我甚至很少拿起抹布。原因很简单，"细菌"这个词丝毫不能引起我的紧张。当我听到有人喊出"细菌"时，我首先想到的不是麻烦，而是一个精彩的生物群落。

这本书是关于和我们朝夕相处的微生物的，其中包括细菌、真菌和病毒。人类和微生物之间的关系可以说是有史以来最复杂的关系之一。

我们一直把细菌集团看作必须清除掉的敌人，并且为此不惜用尽武器库里的一切清洁利器。然而微生物学家在刚开始了解微生物世界时，就已经意识到：微生物隐蔽而神秘的天地，对人类其实要比他们想象的友好得多。

接下来我将进行描述，为什么说把我们的房屋和公寓变成没有微生物的无菌环境是根本不可能的。数十亿单细胞生物根植在我们的生活之中，无时无刻不环绕在我们左右。它们不但附着在我们的皮肤上生活，而且在我们的身体里留宿——每个人身上都有多达数十万亿个微生物，数量之多令人难以置信。有意思的是，反而是过度的卫生习惯会使我们生病。而当我们真的病倒时，往往还是细菌帮助我们恢复健康。

我不是那种一心埋头搞科研、把自己的研究对象奉作神明的科学家。我们与微生物的共生关系当然也包括偶尔将这些可爱的"小野兽"杀死，毕竟这些"小野兽"中间不免有一些"恶棍"，会耗损我们的健康。

抗生素、消毒剂以及清洁剂都是文明带给我们的福祉，也显著延长了人类的平均寿命。但是对它们的使用要慎之又慎，否则就会搬起石头砸自己的脚。不仅如此，微生物学家们越来越清楚地认识到，如果把所有的微生物消灭干净，将会铸成大错：为了消灭微生物中的一小撮坏分子，而杀死无数有益的微生物友军。

微生物是地球上出现最早的生物，并且在二三十亿年后地球被太阳烤成一个大火球之前[1]，也必将是地球毁灭前最后一批灭亡的生命。我们应该感谢这些单细胞生物，正是它们确保了我们人类可以出现在这个美丽的蓝色星球上，并且生存下来。

---

[1] 关于地球末日有各种不同版本的猜想，这里作者描述的是太阳发展成红巨星的情况，即地球随太阳膨胀在二三十亿年后终将被炙烤而灭亡，地球上的一切生物都将被焚烧直至蒸发。——译者注

令我一直感到困惑的是，人们对生活在马里亚纳海沟深处，以及西伯利亚冰冻苔原上的微生物的了解，远远超过对我们日常生活中随处可见的微生物——那些不动声色地蜷身在厨洁海绵和洗衣机里伴随着我们的微生物伙伴的了解。

没有微生物的生活既惨淡又乏味，因为奶酪、萨拉米香肠、葡萄酒和啤酒等由微生物参与制造的食物也会随之消失。很多我们生活必需的药品和化学制剂，也拜微生物所赐，如胰岛素、柠檬酸和酒精。

没有哪一头牛能在没有微生物帮助的情况下将胃里的草料消化掉，变成肉长在身上。顺便提一下，没有微生物，我们甚至会丧失放屁的功能。

许多植物借助微生物，使其根部能从空气中获取氮，即靠微生物来给自己施肥；在污水处理厂，微生物会吞噬水中的污垢以对污水进行净化处理；在沼气工厂，微生物可以从废弃物中分解出可以产生能量的甲烷。

许多微生物甚至还跟我们分享了一个很可爱的特质：细菌都是爱群聊的超级话痨，它们能够非常高效率、大批量地聚在一起。它们不但爱和同类建群组队行动，而且乐意把七大姑八大姨全都拽进群里——从来没有独来独往的细菌，它们可不是独行侠！

它们一天到晚最乐意干一件事：吃东西。它们有家传的性冷淡倾向，但有时也会变得很极端，它们会最大限度地进行一轮传宗接代。

几年前我的父亲曾经问我：微生物学家们整天都在做什么？我当时草草答道："将无色液体从一个小容器倒入另一个小容

器。" 这件事令我懊恼至今，我完全可以把微生物紧张而刺激的生活向他好好描绘一番，总好过那样轻率应付的粗鲁回答。

这个遗憾我希望能通过这本书来弥补。亲爱的读者，如果读完这本书能够使你对我们微型的舍友们另眼相看，那么我的目的就达到了。

原始病菌这个工作狂，一切拜它所赐

我通常喜欢用这样的开场白开始一场关于家庭卫生的讲座：你好，我的名字是马库斯·埃格特。至于我研究的课题——病菌和细菌，恐怕一开始就会引起很多人的反感。绝大多数人的反应是一丁点儿都不想了解这些。这个话题太倒胃口了，似乎还有一点诡异，因为话题牵扯到的都是些潜滋暗长见不得光的东西。

不过，一般这种反应持续不了几分钟，因为家庭卫生切切实实关乎每一个人，任何人都不会感到陌生。根据我的经验，绝大多数人认为自己使用抹布和清洁剂是非常干净和明智的，笑料一般都在别人身上。谁还没有个熟人，那个过生日的时候大家都最想送他一包餐巾纸的家伙？恐怕还有一位不常走动的女友，因为她脸上总是写着洁癖患者对打扫的执念。

作为一名微生物学家，我致力于家庭卫生这一领域，并不是顺理成章的。当然也不是说我在家里一遇到打扫卫生就无比狂热。我的博士学位论文是关于非洲玫瑰甲虫的幼虫、蛴螬（金龟子的幼虫）和蚯蚓肠道中微生物组的研究。如果微生物学给你的印象是一个华而不实的小众学科，请放心，我可以向你保证，现如今微生物学家的工作绝对有保障。实际上我们的现代生活的正常运转已经离不开微生物学，它在各个角落都发挥着作用。微生物学家必须检验我们的食物和饮用水中是否含有有害的细菌；很多药品甚至必须是无菌的，就是说要达到完全没有细菌的标准；即便是汽车行业进行车身喷漆的浸泡池，也要执行低菌标准，否则会存在原生物附着在金属上的危险而导致喷漆脱落的情况。

微生物学家的冒险乐园

应该说，是一个偶然的机会让我成了一名家庭卫生师。自2006年起，我开始供职于杜塞尔多夫的消费品生产商——德国汉高。这个职场转型首先给我这个走出象牙塔的单纯的科学家展现出权力黑暗的一面，因为在这里，科研不再仅仅是为了科研本身，而是为了卖出更多的洗衣液、洗洁精和除臭剂。

我被任命为微生物部门实验室主任，主要从事止汗剂和除臭剂方面的研究。从此，我一脚踏入了一个浩大的微生物冒险乐园。一位老领导把我用新式学院派方法演示项目的创意称为"埃格特先生的沙坑"，每每对此津津乐道。

有一次，我们研究化妆品和护肤品在肤表菌群下的作用，为此我们从同事腋下进行细菌取样，一一隔离研究，就是要看看哪一种细菌会释放臭味。之后，我们又研究过汽车空调里发臭的细菌、洗衣机内部的细菌群，以及家用环境下清洁剂对微生物的影响。

此外，我们还研究过转基因微生物酶，它们可以在洗衣机洗涤的过程中消解衣服上的污渍。这听起来有一点像科学怪人的实验，然而现代微生物学使其成为可能：在绘图板上量身定制一款微生物，使它完全，或者说几乎完全按照你的意愿行事，这不成问题。

另外，活的微生物需要在固态或者液态的营养培养基上处理，这方面仍然和病原细菌学鼻祖、结核病病原体的发现者罗伯特·科赫[1]医生的研究方法一样，将近150年以来没有什么变化，因为只有保持微生物的活性，才能真正测试出它们对如清洁剂和除臭剂这些外界刺激的反应如何。

微生物也是生命体，也有自己的新陈代谢，而这是人们很容易忽略的一点。这些微小的生物体只有约千分之一毫米的身量，人们需要借助显微镜才能看到它们。使这些地球上最微小的居民肉眼可见的，是发生在大约350年前的一项重大突破。酷爱磨制

---

[1] Robert Koch：罗伯特·科赫（1843—1910），德国医生兼微生物学家，与法国著名的微生物学家、化学家路易斯·巴斯德（Louis Pasteur）并称奠基世界病原细菌学的双雄。罗伯特·科赫因发现炭疽杆菌、结核杆菌和霍乱弧菌而出名，并于1905年因结核病的研究获得诺贝尔生理学或医学奖。他提出的"科赫法则"又称"证病律"，是用来确定侵染性病害病原物的操作程序，至今仍是传染病病原鉴定的金科玉律。——译者注

镜片的业余配镜师、荷兰人安东尼·范·列文虎克 [1]，是人类历史上切实观察到细菌并进行了可靠记录的第一人，但这位仁兄当时并不知道自己是在跟谁打交道。甚至到了 19 世纪，医生对它们仍然一无所知，坚持认为疾病是由难闻的气味引起的，直到罗伯特·科赫医生揭示了微生物的存在，人们才恍然大悟。

搅拌器中的微生物

所有的微生物都是单细胞生物。它们以这种形式繁衍存续，相当了不起。如果微生物学家要解释单细胞生物和高级的多细胞生物有什么区别，他手头就有一个简便易行的区分标准：所有能扔进搅拌器里打碎还杀不死的，都是单细胞生物。原因在于，多细胞生物的细胞功能都细化了，每类细胞各司其职，以至于它的组成细胞在自然环境下无法单独存活。这些细胞一旦被分离开来，就无法再组建完整的生物体。

与此相反，微生物却有永生不死的可能。它们只需通过分裂就能大量繁殖，或者用科学的语言来表述——呈指数增长：一个细胞变成两个新细胞，两个变四个，四个变八个，八个变十六个……最终会怎样呢？一个单细胞每 20 分钟分裂一次，连续分裂 48 小时之后，就会产生一群约为地球重量 3000 倍的

---

[1] Antoni van Leeuwenhoek：安东尼·范·列文虎克（1632—1723），荷兰显微镜学家、微生物学的开拓者，生卒均于荷兰代尔夫特。列文虎克是显微镜的发明者。——译者注

生物。

所谓微生物或者说微小生物 [1]，包括细菌和古细菌 [2]。古细菌是一种鲜为人知的菌种，它是细菌的亲缘姐妹，它在沼气工厂分解垃圾生成的甲烷是重要的燃料。同属于微生物的还有真菌、藻类、单细胞原生生物 [3] 以及病毒微生物。此外还有一小撮非主流，它们不是生物，"仅仅"是一些复合分子，也不能进行新陈代谢。

细菌是被研究最多的微生物。它们能够感知化学刺激，其中许多甚至具有某种可以移动的马达。有人认为细菌的概念与病原体同义，那是不恰当的！大多数微生物对人类是完全无害的。

细菌被称为"原核生物"[4]，它没有细胞核，这也是它和

---

[1] Mikroorganismen 和 Mikroben：微小生物和微生物，两者都是指微生物，前者多以复数形式出现，后者往往出现在非正式文本中。两个混合词的基础词源都是希腊语 mikrós，意为"微小"；前者词尾词源是 ὀργανισμός，organicós，即"生命形式、生命体、生物"，后者源自希腊语 βίος，bíos，即"生命"。——译者注

[2] die Archaeen：古细菌，又叫作古生菌、古菌、古核细胞或原细菌，是一类很特殊的细菌，既具有原核生物的某些特征，也有真核生物的特征，此外还具有既不同于原核细胞也不同于真核细胞的特征。古细菌多生活在极端的生态环境中。古细菌又分为泉、广、初、纳、奇、曙、深、洛基等不同的门，包括耐盐的嗜盐细菌 (Halobacteria)、产甲烷菌 (Methanobrevibacter) 等。——译者注

[3] die Protozoen：原生生物，源于希腊语 Protista。德国生物学家格奥尔格·奥古斯特·戈德斯在 1830 年第一次将原生生物与其他生物区分开来，他使用 protozoa（原生动物）一词来指代纤毛虫和珊瑚等生物。——译者注

[4] die Prokaryoten：原核生物。源于古希腊语 karyon，即细胞核；pro-karyon，即演变出完整细胞核以前。也被称作 Prokarya 或者 Monera。细菌和古细菌都是没有细胞核的原核生物。——译者注

真菌、藻类、原生生物以及高等生物的不同之处。尽管如此，细菌和我们的细胞却有着直接的亲缘关系，确切地说，我们的细胞也脱生于细菌。很久以前，细菌和古细菌结合在一起形成了所谓的"真核生物"[1]：具有细胞核的细胞。随着它们的发展演变最终形成了人类。

我们人类能够出现在地球上要归功于细菌，而我们需要感谢细菌的还不止于此！地球上一切生命源起归根结底都是细菌。可悲的是，在《创世纪》的篇章当中，对这些肉眼不可见的微小生物却只字未提。在关于人类演变的任何一部著作当中，细菌和微生物都值得拥有浓墨重彩的一笔。

微生物是我们这个星球上的第一批居民，尽管当时的地球如地狱般对生命充满敌意，没有鸟语花香，完全不是今天我们称之为可爱家园的美好模样。假如微生物没有这种近乎骇人的抵抗力，那我们的地球仍将是一片无法居住的荒蛮之地。没有任何人或者其他动物能够在这里存活下去，树木和花草也必死无疑。

在家里，微生物被我们视为入侵者。面对现实吧，不要再自欺欺人了：是我们要跟它们住在一起，不是它们要来跟我们一起住！

---

[1] die Eukaryoten： 真核生物，是细胞具有细胞核的一切生物的总称。词源是古希腊语代表好的 eu 和代表盛器 kytos 的合成。——译者注

从上到下：

属于微小生物（微生物、细菌）世界的单细胞生存的生物，它们的细胞是用肉眼无法看到的。

细菌和古细菌没有细胞核，是原核生物，而真菌、藻类和原生生物是有细胞核的真核生物。病毒不是生物，只是复合分子。插图并非按比例绘制。原核生物大约身长为百万分之一米，病毒只有它的十分之一，而真核生物约是它的十倍那么大

所有生命的祖先——细菌

不得不承认，要去感谢一种只有人类头发丝四十分之一细小而且声名颇为狼藉的生物，着实是一种挑战。但是这个基本的认识是绕不过去的：地球上所有的生命都基于一种超级细菌，它们大约在43亿年前就已经登上了历史的舞台。

科学家们给这些最早出现在地球上的细胞生物命名为"LUCA"，是"Last Universal Common Ancestor"的缩写，意为所有生命最终的共同祖先。LUCA出现的时候，年轻的地球大约只有几亿年的历史。

细菌没有留下任何与霸王龙骨架化石一样令人印象深刻的证据，但有化石留存于世，这多亏气候突发了离奇的变化，若非如此，这份曾经存在的历史的印记也无法留下。由于全球变暖，人类发现了越来越多此前无人得见的岩层。

例如，在加拿大魁北克省的努瓦吉图克绿岩带，一个由英国和澳大利亚科学家组成的研究团队发现了43亿年前具有管状结构的岩石。这种结构至今仍是典型的一些地域性微生物的代谢产物的结构。那种微生物生活在炽热的火山岩附近的温泉湖底深处，因为那种被称为"黑烟囱"[1]的水养分非常充足。

---

[1] Black Smoker：水底黑烟囱，是一些深海热泉形成的圆柱形的烟，主要成分是热泉中的矿物质。——译者注

随机产品——氧气

LUCA 诞生时的那个年轻的地球，还非常不适合万物生长。没有大气层来保护我们免受太阳足以致命的紫外线和红外线的辐射，完全不是现在这样。自然也没有氧气，并且非常炎热。在这样的环境下，LUCA 诞生于水中。

氧气是地球上一切高级生物生存所必需的。能够产生供人类呼吸的有氧空气是一个奇迹，这要感谢蓝绿菌[1]，也叫"蓝藻"[2]。它们利用阳光、空气中的二氧化碳和水合成它们的食物：碳水化合物。而这场光合作用所产生的游离的气态"废品"，正是氧气。

大约又过了五亿年，大气层中的氧气浓度才达到将近21%。氧气的价值，在于给予我们绚烂多彩的生命的开始。这一刻发生在大约十亿年前。有了充足氧气的地球终于成为一个能量氧吧，生命的多样性开始爆发式绽放，为这个蓝色的星球披上了绿衣。与此同时，诞生了更高级的生物，即多细胞生命形式。

诞生其间甚至存活至今的众多生物都无法否认自己的出身：

---

[1] die Cyanobakterien：蓝绿菌，也被称为"蓝菌门"（学名：Cyanobacteria），是一类能通过产氧光合作用获取能量的细菌，但有些也能通过异营来获取能量。属于原核生物界。——译者注

[2] die Blaualgen：蓝藻，也叫"蓝绿藻"，是蓝绿菌门下物种，因其蓝色的有色体数量最多、宏观上呈现蓝绿色而得名。大多数蓝绿藻的细胞壁外面有胶质衣，所以又叫"粘藻"。蓝绿藻是地球上出现最早的原核生物，也是最基本的生物体。蓝绿藻在地球上出现在距今 35 亿～ 33 亿年前，已知的蓝绿藻约有2000 种。——译者注

我们都是 LUCA 的后裔，因此都有亲缘关系；从细菌到海参，从马铃薯、果蝇再到黑猩猩和人类，我们都有共同的特征，如我们都以 DNA 作为遗传物质，或者我们体内合成蛋白质的方式相同。

这意味着，微生物与我们从头到脚都亲密地交织在一起。我们的每一个细胞都含有从细菌"移植"而来的细胞，我们称之为"线粒体"[1]，我们百分之九十的能量是由它们产生的。

大多数的科学家都认为，生命起源于地球。但有一点不得不令人起疑：某些微生物甚至能够生存在最恶劣的环境中，这种韧性从何而来？我们已经知道，进化是一小步一小步完成的，并非一蹴而就。但这些微生物显然在相对而言较短的时间内对自己进行了强化训练，并产生了令人震惊的抵抗力。

有一个在严肃的科学界比较小众的理论。让我们犒劳一下自己，沐浴在这个骇人又迷人的理论——"泛种论"[2]的洗礼中。根据"泛种论"一说，地球是从太空中"接种"而来的。至少从纯理论上来说，这一假说是有其可能性的。依据这个理论，

[1] Mitochondrien：线粒体，是 Mitochondrium 的复数形式，也作 Mitochondrion，由古希腊语的 mitos "线"和 chondrion "小颗粒"合成。线粒体是一种存在于大多数细胞当中由两层膜包裹的细胞器。——译者注

[2] die Panspermie：泛种论，源自古希腊的 Panspermia，由古希腊语的 pan "全部、所有"和 sperma "种子"两个词合成。泛种论认为生命并非诞生于地球，而是星尘、陨石等将宇宙中的生命传播到了地球。最先提出泛种论的是约公元前 500 年的古希腊科学家、哲学家阿那克萨戈拉（Αναξαγόρας），他第一个把哲学带到雅典并影响了苏格拉底。泛种论的主要拥护者包括发现脱氧核糖核酸（DNA）双螺旋结构并因此获得诺贝尔奖的两位英国科学家之一的弗朗西斯·哈利·康普顿·克里克（Francis Harry Compton Crick）。——译者注

成熟的外星生命，以孢子的形式散播到地球上，定居下来并不断繁衍。从这个意义上讲，我们都是外星人。

有史以来寿命最长的生命体

美国微生物学家发现了被封存在 2.5 亿年前的盐体结晶当中的细菌芽孢[1]。研究人员用含有糖、维生素和微量元素的混合营养液来喂养这些貌似绝种了的"小虫儿"。事实证明，这种混合液如同施了魔法的还魂汤一样唤醒了芽孢，它就像什么事都没有发生过一样，重新活过来了。

这些芽孢以其 2.5 亿年的高寿而位列地球上最年长的生命体。与之相比，已经被证实的世界上寿命最长的人类只有 122 岁。这件事从侧面证明了微生物甚至具备经历太空旅行而存活下来的能力，比如乘坐陨石穿行宇宙。

即便是撞击到地球也未必能杀死它们，细菌芽孢的抵抗力来自它们多层、极端致密的外壳和下调到几乎停止的新陈代谢。它们以这样的生命形态抵抗极端的高温和干旱，挨过饥荒，还要抗衡抗生素。

在微生物进化的 43 亿年间，它们几乎覆盖了地球的每一个角落。地圈深处数千米，有它们的身影；平流层海拔最高处，

---

[1] Spore：芽孢，又称"内生孢子"(Endospore)。尽管"芽孢"（"内生孢子"）与"孢子"的英文名称均为 spore，但二者的界限从来就没有被混淆过，微生物学界也不曾有过分歧意见，而在有些媒体的报道中会以"孢子"的形式出现。详见本书最后章节的相关内容。——译者注

有它们的足迹。地球上几乎没有一个地方是天然无菌的，也许唯一的例外是在炽热喷薄的岩浆里。由于身形微小，任何一个微生物都能在世界上的任意一个地方栖息下来。而它在那里是否感到舒适，是否能活下去，是否能繁衍后代，取决于当时当地具体的环境条件。

这意味着在居所问题上，我们可以施加影响力来左右微生物在我们寓所的哪个区域安家，让它们待在卫生间、冰箱里，还是床铺上。但想要完全躲开微生物来进行自我保护是徒劳的。我们根本离不开它们。

LUCA 和它的后代已经在地球上生存了 40 亿年之久，恐龙的出现距今只有 1.7 亿年，相比之下时间就非常短了。而智人的出现在大约 20 万年前，人类的演化史在前者面前还只能算幼稚期。

像细菌这样的微生物是地球上的首批居民。并且不仅如此，如果地球不可避免地在二三十亿年后被太阳炙烤灭亡，那么它们也将是我们这个星球上最后一批灭亡的生物。

众志成城 —— 为什么细菌都是"恋家癖"

当动物吼叫或者咆哮时，它很有可能是正在跟同类的伙伴聊天。鲱鱼甚至会通过放屁的方式跟同类进行交流。动物之间确实会互动聊天，这是进化生物学中最令人惊讶的发现。

必要时，甚至植物也会彼此交流。例如，当有昆虫企图蚕食绿色的植物时，这株被猎杀的植物会喷溅出苦涩的汁液，这不但是自我防御，同时也是在向它周围的四邻发出警报。

令人类难以置信的是，微生物之间也有能力进行奇妙有效的通信和文化交流。这太不可思议了：顶着个榆木脑壳，呆头呆脑的，就知道繁殖，迄今为止一直是我们的生态系统中最不讨人喜欢的一分子——这才符合我们对微生物的固有印象。因此，当哈佛大学的生物化学家约翰·伍德兰德·黑斯廷斯[1]在剑桥首次提出微生物在进行秘密交流的理论时，人们普遍持怀疑态度。

然而黑斯廷斯最终还是得到了认可。为了体现微生物具备的惊人的聚集能力和组织能力，微生物学中普遍采用了"群体感应"[2]这个概念对其进行描述。这表明微生物有能力感知到附近有多少同类，并且充分利用了这一点。

显然，我们这个星球上最小的生物发展出了一套复杂得惊人的通信体系，可以表达各种不同的需求。仅仅在最近几年，在微生物交流的信息当中，研究者们就识别了大约20种不同的信息分子，而这可能只是它们交流内容的一小部分。

微生物的语言混乱

所有证据都表明，单细胞生物势必操纵着一种有规律的巴

---

[1] 原文 J. Woodland »Woody« Hastings，作者在黑斯廷斯（John Woodland Hastings）的名字里嵌入了他的昵称"伍迪"，后文也以昵称代替全名。约翰·伍德兰德·黑斯廷斯（1927—2017），是光生物学（尤其是生物发光）领域的领导者，也是昼夜生物学（昼夜节律研究或睡眠——唤醒循环）领域的奠基人之一。著有《生物钟》（*The Biological Clock: Two Views*）。——译者注

[2] Quorum Sensing：群体感应，又名"群聚感应"，是细菌的一种群体行为调控机制。近年来日益受到广泛关注，是一种与族群密度相关的刺激和反应的系统。许多细菌会透过群聚感应，根据其族群规模来调节基因的表现。有些社会性昆虫也会使用和群聚感应相似的方法，决定在何处建立巢穴。——译者注

比伦式混乱的语言 [1]。并非每种细菌都能逐条理解所有信息。至于细菌具体是如何从大量信息中准确地过滤出自己感兴趣的信息分子，还是一个吸引人的课题，目前我们了解得还很少，尚待进一步研究。

伍迪·黑斯廷斯于 19 世纪 70 年代开始进行关于群体效应的研究。他以身材矮小的夏威夷短尾乌贼 [2] 为例，证明了群体效应是如何为微生物带来回报的。这些水下生物生活在夏威夷海岸线附近的浅海中。在月朗星稀的晚上，它们在太平洋海水中一团黑乎乎的身影很容易被敌人辨认出来。因此，夏威夷短尾乌贼演变出了可以发光的器官，使它可以在水下打开发光器以混淆自己在水中的身影。

然而这种乌贼自身完全没有发光的能力。它们要借助于一种叫作费氏弧菌 [3] 的海洋微生物。乌贼从卵中孵出后，立即开始从海水中吸取这种对其至关重要的微生物至自己的发光部位，这些单细胞生物一旦附着上就开始大量繁殖，直到它们达到能够发光所需要的数量：大约 100 亿个！乌贼身上聚集的微生物群一旦达到这个临界阈值，"砰"的一下就亮了。每个微生物

---

[1]　依照《圣经》，上帝就是在巴比伦让人类的语言发生了混乱，使他们无法沟通。历史上，巴比伦所在的两河流域的通用语言由阿卡德语言文字和苏美尔语言文字共同担当。阿卡德文字是借用苏美尔文字符号写成的塞姆文，即借用楔形符号表示阿卡德语的发音。但由于语言特点不同，阿卡德文字不能很好地表现阿卡德语言。——译者注

[2]　Euprymna scolopes，也叫 Hawaiian bobtail squid，即夏威夷短尾乌贼，是一种身材肥肥短短的小乌贼，白天喜欢把自己埋在沙里，晚上能够发光。——译者注

[3]　Aliivibrio fscheri：也叫 Bacillus fischeri，即费氏弧菌，意为定居一处的发光菌，是一种革兰氏阴性杆菌。于 1889 年由荷兰微生物学家、植物学家丁努斯·威廉·拜耶林克（Martinus Willem Beijerinck）首先发现。——译者注

只能发出一点点暗淡的微光，很快就会被黑暗吞没。但 100 亿点微光聚在一起，会比探照灯还耀眼。

微生物这样做并非出于无私。它们会从宿主那里得到庇护、居所、糖以及其他营养。

一个显而易见的问题令微生物学家们对乌贼和细菌的合作极其好奇。那就是，这些单细胞生物是怎么意识到同类已经达到 100 亿的数量的？

出于某种原因，这些微小的生物意识到，它们只有团结在一起才能足够强大——这使它们变得极其友善。尽管它们不过是区区一层填充着蛋白质和 DNA 的脂肪壳，但它们显然具有接收器来感知外界的刺激，比如它要感知乌贼的糖分子。此外，接收到信息之后，它们还具备把传达信息的分子分离出去的能力。

为了引起注意，细菌会勤奋地把分子排出体外，这种行为翻译成人类的语言就是不断地大声呼喊："你好，我在这里，还有其他人在吗？"如果这种声音足够大，说明信号足够多，细菌的数量也足够多，在这种情况下细菌才能点亮它们奢华的生化灯。

每分钟 3000 转的转速驱动

微生物并不总是能顺利找到食槽，很少有谁像费氏弧菌那样幸运，直接被迫使到宿主身上捧起铁饭碗。时不时地会冒出没头没脑地寻找食物和同伴的细菌，这时会有同事来求助，就像出租车总台呼叫一样："来这儿，这里需要你。"在这种情况下，细菌就会火速赶过去。

这就出现一个问题：微生物是怎么前进的？

微生物没有四肢，取而代之的是环绕周身的如细线一般的鞭毛。必要时这些鞭毛可以呈螺旋桨状旋转起来，就像是由电动机驱动的一样。微生物可以把转速加快到每分钟 3000 转。

有时候微生物也会漫无目的地在附近溜达，微生物学家用"滚来滚去"来描述这个动作。即便是这样的运动，也有其方法学的意义——细菌通过这种方式来测试朝哪个方向运动更舒适。

人们误以为单细胞生物随遇而安，毫不苛求居住条件。然而，事实上这些最小的生物就像有生命的探测器一样检验着周围的环境是否最有利，以及食物是否在附近。

例如，他们可以通过辨认周围环境的化学成分来判断周围是否有食物源。

人体对于这些人类肉眼不可见的同居者而言无异于极乐之地。微生物可以在这里享有宜人的体温，享用取之不尽、用之不竭的食物。从脸上抹下来的油脂，从衣服刷下来的皮屑，一切令我们微微作呕的分泌物，微生物都吃得津津有味，更别说还有血渍。

生物膜 [1] 堪称细菌的一个引人瞩目同时又令人作呕的集体成就。当数万亿微生物趴在一起，吐出的分子粘连成一大片，就会形成生物膜。细菌和其他微生物在这种潮湿的环境中感觉无比安逸，因为黏膜提供的保护使这里几乎成为微生物的禁猎区。群体感应也参与了这些微生物大都市的建造。

生物膜已经成为一个在医学和卫生领域备受重视的问题。

---

[1]　die Biofilm：生物膜，也叫（细）菌膜，是一些微生物由自身所产生的以糖为主要成分的胞外多聚物基质包围而形成。——译者注

例如，有研究表明，在连接导尿管超过一周的所有患者中，有多达一半的患者都患有尿路感染，因为细菌在塑料导尿管的内外壁上都迅速结成了生物膜。

患有囊肿性纤维化[1]的病人都患有（伴随性）慢性肺炎。这要归罪于一种名为绿脓杆菌[2]的恶性细菌。这些"恶棍"会在肺组织中形成可以庇护它们的生物膜，而这层生物膜即便长期使用抗生素治疗也无法攻克。

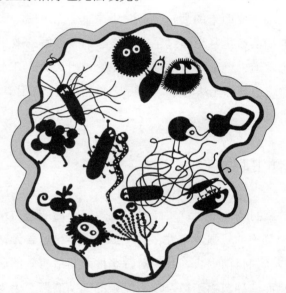

在生物膜中，许多不同的微生物在表面的黏液基质中得到很好的保护。它们在里面同吃同住，还可以轻松地交换遗传物质。它们甚至通过交换信息分子来相互交流。人们把这种信息交流方式叫作群体感应

[1]　die Mukoviszidose 囊肿性纤维化，一般按照英文学名 Cystic Fibrosis 以缩写形式 CF 表示。——译者注

[2]　Pseudomonas aeruginosa 绿脓杆菌，又称"铜绿假单胞菌"，是一种革兰氏阴性菌，是呈长棒形的好氧菌。——译者注

近在眼前就有这个结构活生生的例子：比如一天不刷牙，牙齿表面就有一层毛茸茸的牙垢。这就是数十亿细菌合力铺出的一条散发着口臭，通往蛀牙的"辅"路。

还有家里的水槽也是微生物的介入热点。我的岳母喜欢把水槽反复擦拭得锃光瓦亮，可以说是抛光到清洁可鉴的程度。其实再深几厘米就会令人不悦了。有人曾恶意地推测，德语下水道的"存水弯"[1]这个词"Siphon"，是从"污秽""Siff"这个同音词演变而来的[2]。这一说法并非全无道理。聚集在排水管中的细菌数量甚至超过了人类能够抽象理解的数量概念的上限。下水道内壁上形成的生物膜无论是用滚烫的开水还是用强力化学疏通剂都无法消除，即使刀砍斧凿也无济于事。

生物膜防卫联盟

科学家们越来越把致病微生物视为健康的威胁力量。鉴于对手变幻莫测的超强适应性，医学工作者早已坦言无法跟上对手的脚步。到目前为止，我们对付恶性细菌最有效的武器是抗生素。然而这种药物不适合攻击复杂的细菌联盟，因为抗生素只会一成不变地剿灭在场的每一个细菌，无论这个细菌对人体有益还是有害。

---

[1] 存水弯，最常见的是U形管，是水管上U形、S形或J形的管件装置，使污水、废水流进地下室阀基，并且阻止臭气以及其他气体倒灌进室内。——译者注

[2] 其中"ph"发"f"，前两个音节音同Siff。——译者注

但是药物对生物膜辖区内的防卫联盟无能为力，因为它无法穿透其黏稠的"金钟罩"。

此外，我们目前的抗菌策略完全低估了细菌的随机行为模式。例如，当战线上的某个细菌衰竭了，立即会有同类型的细菌吃掉它。前者的尸体成为后者的一顿快餐。不仅如此，死亡的微生物不但被吃掉，它的遗传物质还会被吃掉它的微生物整合到自己的遗传物质中。微生物由此变得比以往更强。

通过这种方式就有可能在微生物群系当中突变出真正的科学怪人，把一个普普通通的细菌迅速升级成为具有多重耐药性的细菌，使抗生素难以与之抗衡。

我们在对抗微生物世界中的坏分子的战斗中处于下风，原因就在于单细胞生物的这种基因突变。抗生素会抑制细菌生成细胞壁、干扰合成蛋白或其他重要的分子。可是，变异后的细菌有着出色的兵器库，可以抵御这些攻击：有的用强劲的泵，把浮游在细胞内的抗生素冲出体外；有的用酶，在抗生素侵入细菌体内前就把它像降解毒素一样分解掉；其他微生物会自我隔离或形成药物无法穿透的细胞膜。

这些幸存下来的突变细菌繁衍壮大，势不可当，并建立了一支庞大的抵抗军。

令人惊讶的是，在一部分微生物菌株中，年老的细菌为年轻的细菌牺牲自己是很普遍的现象。它们的细胞蓝图已经设置好自杀程序，一个细菌即将成为其他细菌的负担时就会启动自杀程序，从而结束自己的生命。对于生活在生物膜内的细菌共同体来说，这个行为带来的效益是双倍的：少了一个抢食物的竞争者、多了一顿加餐的同时还可以升级自己的 DNA 储备。

对付细菌的新方法？

细菌如果只食用自己的同类就会营养不良，它们会缺乏一种必需的营养素：铁。人体内有丰富的铁，比如血红蛋白里就有铁，所以人类的血液是红色的。我们自己也需要铁，所以铁元素通常在人体内都被保护得很好。但是前文提到的恶性细菌——绿脓杆菌，如果它们伙同同类，就有能力盗取人体细胞中的矿物质。为此，它会使用群体感应来组织盗取团伙。

目前我们对这个强盗团伙还束手无策。但假如我们能成功地阻断这些假单胞菌[1]之间的交流，那将是对这些可以引致疾病的所谓病原体的沉重打击。有不少科学家对此寄予厚望，希望能通过这种突破性的新方法来对付细菌。思路其实不复杂：为什么不利用我们对细菌交流方式的了解，从这方面进行突破呢？

我们可以尝试阻断细菌的交流渠道，干扰它们呼朋引伴建立生物膜，从而终止这种下作的结盟。这一方面可以避免误伤到微生物"良民"，另一方面也能确保我们轻松的生活不被侵扰。

一些研究人员甚至认为，通过这个途径可以使细菌彻底丧失抵抗力，因为这相当于废止了细菌的集会权。但我们必须知道，细菌之间也会爆发战争，切断彼此的无线电通信联络就是它们的作战手段之一。可是，即便交战到赤地焦土、寸草不生的境地，恐怕它们依然有可能产生抗药性。

---

[1] 前文介绍过，绿脓杆菌又名铜绿假单胞菌，所以作者在这里用假单胞菌指绿脓杆菌，它也是最为多见的假单胞菌。拉丁语名 Pseudomonas aeruginosa 中 Pseudo 源自希腊语，表示虚拟的、假冒的；monas 源自希腊语，表示单胞菌属、滴虫属。——译者注

人生益友——人类微生物组

13 年前，我的女儿乔安娜刚出生不久第一次排便，我把这一坨迅速打包，装在专用的盒子里，支付了昂贵的运费，寄到了荷兰一个同事的化验室。

孩子降生后 12 小时内会排出沥青状的大便，这就是所谓的"胎便"。从微生物学的角度来看，胎便能说明很多问题。宝宝在母体内摄取了什么？胎便可以告诉我们答案：一些毛发和细胞。与我们的想象完全不同，胎儿游弋其间的羊水竟然不是无菌的。也就是说，早在我们的孩子出生之前就已经开始接触细菌了。

小宝宝估计是在以这种方式开始准备踏入未来的人生：不可避免地在充满细菌的世界中生活。他们在母体内含有细菌的羊水里进行了一场特殊的洗礼，接种了增强抵抗力的天然疫苗，就像他们后来接种的麻疹和水痘疫苗。

人是活的温室

我们每天都和成千上万的细菌生活在同一屋檐下，即便是最强效的清洁剂也不能改变这一点，当然也没有必要改变。微生物学家近几年开始使用家庭微生物组这个概念来描述那些生活在我们的避风港湾里的细菌。

有充分的证据表明，细菌和其他微生物构成的网络对人类生活的幸福指数有很大的影响。恐怕从石器时代起我们就和微生物在山洞或者茅屋里共处一室了。

由此产生了人类特有的微生物组 [1]：人类微生物基因组 [2]。它包括所有在我们体内和体表生长、生活和繁殖的细菌、古细菌、真菌、病毒和寄生虫，大概有十万亿个微生物之多。从根本上来说，我们每一个人都是一个大温室，滋养着个人的共生体。

人体细胞与细菌的比例约等于 1：1。每次如厕，如果是出"大"恭，人体细胞的比重就会暂时增大，因为会有大约数

---

[1] das Microbiom：微生物组，也是微生物群系。一方面指对菌群进行测序得到基因序列，通过分析基因组来探讨其整个组成和功能，则称为微生物基因组群（Microbiome），简称微生物组；另一方面 Mikrobiom 与微生物群（Microbiota）两者常被互通使用，义同 Microflora，指微生物群系或者说微生物相，表示人体或者其他多细胞生物身上的所有微生物的生态群落。和人体或生物体是共生关系，与人体、生物体的免疫系统运转高度相关。——译者注

[2] das humane Mikrobiom：人类微生物基因组，具体是指驻留的微生物的集体基因组，简称"人类微生物组"，也被称作人类微生物群系（Human microbiome），通常被看作正常菌群（Normal Flora），是某些微生物与宿主在长期的进化过程中形成的共生关系，对生物体无害的一类微生物，包括细菌、真菌、古菌和病毒。有时也包括存在于人体内的微型动物，但它们通常被排除在这个定义之外。——译者注

十亿的微生物被冲进了厕所。但是不消多时，单细胞生物凭借快速分裂的能力很快就能恢复到原有比例。

人体被多达 15 000 种不同类型的微生物占领，其中我们认识的只是冰山一角，大约只有 20%。其余 80% 的微生物从来没有被人类发现，或者迄今为止仅能从 DNA 序列中确认存在，其被统称为"微生物暗物质"。

我们的微生物组受到许多因素的影响——我们的基因、营养、我们成长的地方、我们的身体健康以及与我们生活在一起的伴侣都在起作用。当然，还有我们的卫生习惯。近年来，医学专业人员和微生物学家越来越多地意识到，人类从定居在我们身上、复杂多样的微生物组中受益匪浅。

它们保护我们免受外界微生物的攻击，帮助我们消化，调节我们的免疫系统，甚至还为我们整合维生素。它们的所作所为显示，这些不可见的小舍友们对我们实际上起到了一个独立器官的作用——与之最为相似的人体组织恐怕是血液。但我们刚刚开始把它们当作一个新的器官来看待。

一个成年人所携带的微生物组总重量为 300~600 克，这个重量与 3~6 块巧克力相同。

我们几乎从来没有注意过这些忙忙碌碌的小东西，可我们尚在嗷嗷待哺的时候，它们就已经开始滋养我们了。母乳含有 200 多种不同种类的糖，这是一个婴儿无法完全自己消化的。这些糖其实是作为食物提供给一种重要的微生物——双歧杆菌 [1]。

---

[1] die Bifdobakterien：双歧杆菌。按形态分为两种：I 形和 Y 形。——译者注

双歧杆菌被视为第一流的建筑设计师，负责在人类幼年期建造大肠菌群。其中双叉乳杆菌[1]一词在拉丁文中的意思是"分裂"，它的名字形象地描绘了它的形状就像大写字母"Y"。

诚然，母乳首先要为婴儿提供营养。但显而易见的是，让孩子吃母乳的行为目的在于保护孩子免受感染，同时帮助孩子建立肠道菌群。除投食给肠道的微生物组外，母乳中还含有抗体和抗菌蛋白质。母乳喂养的婴儿肠道菌群的90%是双歧杆菌。

20世纪70年代初期蔓延着一种恐惧。人们普遍担心母乳中会残留有害物质，比如DDT杀虫剂。因而包括我母亲在内的很多家长都放弃了母乳喂养。近年来，母乳喂养给孩子带来的健康优势已得到了广泛认可。

免疫系统的好帮手

认为微生物对人类具有积极的影响，这在科学界还是一个年轻的观点，直到20世纪60年代才逐渐被接受。而在这之前，微生物一直被认为是寄生虫，以蚕食我们为生。

当时还没有微生物组这个概念。"微型共生"这个词最早出现在1988年一篇有关植物保护的论文中。截至那时还没有人提出过微生物对我们免疫系统的帮助作用。在那之后又发生了一系列的事情。现在我们已经知道，自然分娩的婴儿在出生那一刻经过阴道娩出，在接触到母亲的产道菌群甚至肠道菌群的

---

[1]　das Bifidus：双叉乳杆菌，就是Y形的双歧杆菌。——译者注

时候会获得一套自己的微生物组的基础设置。相比起无论是后来的嫁妆，还是自己第一套房初装修的整体厨房，来自母体的基础设置都重要得多。

一个人的微生物组在三岁左右就基本完全形成了。从这一刻起，直至我们生命终结，我们都和这个高度复杂的微生物组共生。那么，不是通过自然分娩的孩子，是不是就错过了这种天然的免疫呢？

可以肯定的是，剖宫产的婴儿在新生儿阶段就更容易遭受过敏和其他疾病的困扰，也更容易被感染，甚至在以后的生活中患上过敏、哮喘和 1 型糖尿病的风险也更高。

因此，越来越多的医生会对剖宫产的婴儿采取一些特殊措施：在孩子呱呱坠地的那一刻，医生会立即往孩子身上涂抹母体阴道的分泌物。至于这种做法是否真的能达到模拟自然分娩增加免疫力的效果，到目前为止还不明确。

独立的器官——微生物组

可以预见的是，这个课题即将成为科研的热点，因为在德国，有将近三分之一的孩子都是剖宫产。微生物学家们包括我一致认为：除出于医学方面的原因需要剖宫产的情况外，自然分娩是最好的。目前，关于微生物组的研究将会如何发展尚不明确，但人体微生物组无疑将成为现代微生物学、生物学和医学领域的最主要的课题之一。

微生物组被正确地视为一个独立的器官，其结构和活性与人类健康和疾病息息相关，尽管我们目前对它们的互动方式在很多情况下还没有领会。现如今，几乎还没有哪种疾病会让微生物组毫无察觉并且不做出反应。在未来，微生物组检测一定会成为医生诊断病情的常规，就像现在的验血一样。

只不过微生物研究还需要一些时间才能取得重大突破。

对小鼠的研究表明，在怀孕期间施用抗生素的效果堪比投放核弹，会大幅降低小鼠胎儿的微生物多样性。

我们早就知道，抗生素会在我们的肠道菌群中耕犁杀敌，就像飓风席卷过玉米地。药物无法分辨"好"细菌还是"坏"细菌，只能一视同仁、格杀勿论。我们的细菌"植物园"经历过这样一场滥砍滥伐之后，需要好几个月才能恢复昔日的郁郁葱葱。

那么，孕期应该完全避免使用抗生素，以防伤害到婴儿及其微生物组吗？答案当然是否定的。肯定要权衡风险。已经重度感染还规避抗生素，后果会更严重。不过，重视微生物研究的成果，考虑周全，谨慎使用抗生素，这是很有必要的。（更多相关内容详见第三章）

通过微生物组指认犯罪分子？

毫无疑问，微生物组的组成和活性会因为疾病而发生改变。两者之间真正的关系尚不清楚。这是一个典型的先有蛋还是先有鸡的问题：先有病，还是先有微生物组的变化？

假设微生物组只会对人体疾病产生反应——这对医学诊断而言难道不是一个好消息吗？一旦我们了解了我们自体细菌的

操作，也许就可以对一些疾病进行干预。未来我们可能像查血常规 [1] 一样解读我们的微生物组。

微生物组还为其他领域提供了思路。例如，有些法医学者，设想使用微生物手段来指证犯罪分子。这个构想非常巧妙：因为每个人的微生物组都是独一无二的，每个人都以这种方式特征鲜明地给周围环境烙下了自己独有的印记。例如，在一个酒店里，旅客入住三小时后房间里就能呈现他的"微生物指纹"。

不过正如之前提到过的，影响细菌定植 [2] 的因素实在太多了，因而同一个人的微生物组也并不是始终如一的，这和真正的指纹并不一样。正是出于这个原因，据我所知"微生物指纹"的程序迄今为止还没有实际意义。但是，作为一名德国的研究人员，我必须不无羡慕地承认：在美国，通过这样的项目可以筹集丰厚的资金。

毕竟，惩戒罪犯无论如何都是值得称颂的。而用可疑的微生物组节食食谱来诱惑狂热追求健康饮食的人，这种行为就没有那么大公无私了。没错，我们当然可以为我们的肠道菌群做点有益的事。我们"西式"的饮食中包含过多的碳水化合物、红肉和加工过的肉，想也知道这些东西对我们的肠道菌群怕是

---

[1] das Blutbild：血常规，又称"全血细胞计数"或"血液细胞计数"，医学上按英文简称 CBC。它是为进行医学诊断而要求完成的检验项目，通常是通过验血检查，包括白细胞的数量和分类、红细胞、血红蛋白和血小板这四项内容。——译者注

[2] die Bakterienbesiedlung：各种微生物（细菌）经常从不同环境落到其宿主上，并能定居下来、不断生长和繁殖后代，这种现象通常称为"细菌定植"。定植的微生物必须依靠宿主不断供给营养物质才能生长和繁殖。——译者注

没什么益处。

健康的饮食应该是这样的：含大量膳食纤维的谷物、水果和蔬菜，以及鱼类和禽类的肉。但是微生物组这种捉摸不定的小生命，现在又不时被当作幸福生活的新保障。但是让它们规规矩矩，我们就能平平安安了吗？可惜没那么简单！

回到石器时代？还是不要啦

几年前研究人员发现了亚诺玛米人[1]。这个生活在亚马孙河流域的印第安部落和他们 11 000 年前的祖先一样，与世隔绝地生活在热带雨林里。直到有一队美国微生物学家突然出现，才打破了他们一直以来平静的生活。但是科学家们从亚马孙雨林带回一个重大的发现：土著人的肠道菌群就像上了油的机器一样全力发动着。促成这一结果的是他们胃肠道内高水平的微生物多样性，这在人类肠道中是前所未见的。

像亚诺玛米人一样吃，像亚诺玛米人一样喝，像亚诺玛米人一样消化……一时间人们对印第安人的生活方式方面充满了无边无际的想象力。而我并不认同完全回归到石器时代的生活方式。因为尽管我们的饮食方式并非最优化的，但西方国家人民的平均寿命却是历史上最高的，更不用说在儿童死亡率方面。我们绝不希望达到同亚诺玛米人一样的水平。

---

[1] Yanomami：亚诺玛米人，是生活在巴西、委内瑞拉边境亚马孙雨林的一组原住民。——译者注

　　科学家有时会生出一些奇怪的念头。只能说谢天谢地，幸好没那么做。但是，另一方面你又不得不承认，如果思维不能脱离常轨，恐怕就没有进步可言。曾经有一个大胆的观点认为，肠道应该是人类的第二大脑。众所周知，这个器官负责消化、放屁和排泄。那么怎么能把下三路的人体垃圾堆和我们高度复杂的思维工具相提并论？

　　然而不容否定的事实是，我们肠道内的神经细胞比骨干的神经细胞数量还要多。越来越多的研究人员怀疑，消化系统和大脑建立了一个回路，并且会交换信息。我们的微生物又要在这里发挥作用：与大脑间的信息传递以类似这样的方式进行，如将细菌或其代谢物引发的刺激通过肠神经传给大脑。另一个有趣的发现似乎与微生物破坏大脑的能力直接相关。

　　例如，罹患自闭症、抑郁症或者帕金森综合征病人的肠道菌群是不设防的，就像没有围墙的花坛一样可以任人践踏。

　　也许可以尝试通过平整肠道的方式来缓和患者的症状，没准肠道细菌会给大脑传达快乐的信息：下面一切都好！——回到正轨上，生活依然可以继续。

健康的粪便——希望的灯塔

　　医学上有一种操作，可以帮助看起来完全失去平衡的肠道菌群恢复活性，那就是移植粪便的手术。方法是将合适的捐献者提供的大便用盐水稀释后，植入患者的肠道。现阶段常用的移植方式有两种，一种是灌肠法，即通过直肠灌肠的方式；另一种是鼻饲法，通过下结肠镜的方式。后者的危险性较高，因为粪便可能会侵入肺部。

许多动物本能地知道它们可以通过吃粪便来恢复肠道功能，所以会随意吃掉周围散落的粪便。而且早在中国古代，就有给肠道疾病患者服用稀释过的"金汁"[1]的治病良方。

这算济世良方吗？

有一些疗法确实带来了一点希望：这里，在一个自闭症患者的测试小组当中，症状至少暂时减轻了；那里，有一些忧郁症的被测试者，原先充满阴霾的内心短时间地敞亮了。但目前仍然没有重大的突破。要问到原因和效果，还是鸡生蛋蛋生鸡的老问题。

前文提到过，微生物组的结构受到多种因素的影响。自闭症和抑郁症患者的饮食和普通人的饮食不同，他们的人际关系简单，也极少同人交往——就像他们的病征描述的那样。也许这就是他们的微生物组明显不一样的原因。

如果真是这样，那粪便移植疗法也不能解决他们的问题。

然而有一个特例。在由难辨梭状芽孢杆菌[2]引起的慢性肠

---

[1] 金汁，在中国古代典籍中又名"粪清""黄龙汤"，取自粪便的汁水。——译者注

[2] Clostridioides difficile：难辨梭状芽孢杆菌（曾用名 Clostridium difficile），又称"难辨梭菌""艰难梭菌"，是一种能形成芽孢、产生毒素的革兰阳性厌氧菌，可导致抗生素相关性结肠炎。——译者注

炎的治疗中，粪便移植疗法被证实是卓有成效的。

难辨梭状孢芽杆菌相关性腹泻是一种严重的出血性肠炎，是医院常见的高发病。20%~40% 的病人都感染了这种病菌。健康的、菌株多样的肠道菌群可以控制住难辨梭状芽孢杆菌。但如果反复使用抗生素，摧毁了肠道原本的菌业生态引起菌群失调，就会造成难辨梭状芽孢杆菌的反转并形成会引发恶性肠炎的毒素，甚至一些病人来就诊时，任何救治都已经为时已晚。

事实表明，粪便捐献者的健康菌群确实能够改善这种状况，重新控制住这种狂野的细菌并且强制它改邪归正。这一领域研究实际成果的彰显，也是对继续进行微生物组研究的鼓舞。

一个亲密无间的故事——
细菌与性

只需一个吻，伴侣之间就可以传播约 8000 万个细菌。这是荷兰科学家的发现。遗憾的是，尚不清楚这项研究是否以及如何对那些注意到它的人的接吻行为产生影响。

这种在意外情况下的微生物转移乍听之下非常恶心。然而从微生物学家的角度来看，伴侣之间的这类先前很少有人讨论的交换可能会产生让人意想不到的积极影响。

我发现自从认识我太太以来，我的口腔健康得到了很大改善。原因可能是，我的活跃好斗的口腔菌群被她的侵略性较弱的口腔菌群中和了。

已经有明确的迹象表明，我们的微生物组，即生活在我们体表和体内的所有微生物的总体，对我们的幸福指数和我们的性生活都有明显的影响。尽管医学专业人员和微生物学家才刚开始着手于更好地了解人类和微生物之间的亲密关系。

加拿大的一项研究包括预测被测试者是否是恋爱关系的内容。显然，生活在一起的伴侣体表的微生物在一定程度上是相同的，并且相似度如此之高，以至于加拿大科学家能够猜对86%的被测试者正处于恋爱关系中。

伴侣间最高度一致的细菌群在一个出乎人们意料的部位：脚底。那么穿羊毛袜子上床不性感这个观点是否受其细菌性的影响，这个问题仍亟待研究。

女性大腿的奥秘

不容忽视的是，男女之间的差异很明显。女性皮肤表面的微生物多样性明显比男性丰富。据估计，造成这个现象的原因可能是女性皮肤的pH值略高于男性。人类最大的器官呈微酸性，这是由人体的油脂和汗液等分泌物造成的。微生物显然认为酸性较低的环境是更友好的栖息地。

但这仍然不能解释另一个神秘的现象。加拿大生物学家还发现，女性大腿上的微生物有着明显的性别特征，并且其程度之高，达到了百分之百可以通过该部位的细菌取样确定被测试者性别的程度。

在微生物栖息最为稠密的身体部位当中，肠道高居首位，口腔次之，排在第三的是阴道，甚至位列在皮肤之前。作为开放器官，阴道实际上是微生物的门户。通常，为了驱逐不受欢迎的入侵者，人体在青春期会建立起一支由乳酸菌组成的"防护军"。

比如为了杀死敌方细菌，这些卫兵细菌会制造过氧化氢——

这种成分通常被用作头发漂白剂。而当旗号为厌氧菌的敌军前来进犯时，这招就不灵了，卫兵细菌们就会溃不成军。

厌氧菌不需要氧气，它们可能会对女性生殖器官造成很大的伤害。攻陷阴道的细菌最常见的是加德纳菌[1]。加德纳菌有着与其甜美的名字不成比例的破坏力，当这种厌氧菌在阴道内肆虐时，可能造成的结果包括带下、月经不调、发炎，甚至不孕不育。

科学家还发现，如果女性阴道菌群紊乱，则对艾滋病的预防能力会明显下降。

那么阴道菌群紊乱是怎么造成的呢？首先，抗生素的使用可以引发这种紊乱。这种药物的核心药理是休克疗法，在除恶的同时也杀善，这样原本对阴道有护卫功能的乳酸菌就被滥杀了。

此外，科学家的最新发现还找出了另一个罪魁祸首：无保护性行为。其所指的不包括一对一固定的伴侣之间不采取措施的性行为，但是一夜情在"射程"范围以内。报告中，参与研究的一位科学家甚至将这种形式的性交描述为"对阴道的袭击"。这涉及细菌培养的冲突问题。

这种表述有一个基本的背景知识：阴茎虽然不像阴道那样菌植丰富，但是男性的生殖器也有它自己的微生物组。因而，男方所独有的微生物培养物，会通过性交进入女性的阴道中。

---

[1] Gardnerella vaginalis：阴道加德纳菌。加德纳菌性阴道炎，又名"嗜血杆菌性阴道炎"，曾归于棒杆菌性阴道炎，是由加德纳菌引起的一种阴道黏膜炎症。——译者注

阴茎——被误解的身体部分

两个人一见钟情之际会无视潜藏于巫山云雨中的危险。作为科学工作者，尤其是微生物学家，对此却束手无策。可以想象，在性行为及其过程中体液交换的同时，随之而来的是海量的微生物交换。每毫升射出的精液当中，大约有一千万个细菌嬉戏其间；而每毫升阴道分泌物中，可以测量出的细菌数量达到了一亿。

两种模式：一是和一夜情的陌生人，会采取全面的阴道菌群保护措施；二是和熟悉的伴侣，逐渐地会达成微生物层面惊人的一致。从研究人员的角度来看，很难说哪一种更有吸引力。

从微生物学的角度来看，阴茎仍然是人体的一个未被充分了解的部位。然而有一点认知越来越明确：未割包皮的男性在包皮下藏有的细菌数量要远远高于实施了包皮环切手术的男性。

在包皮下，微生物组的许多活跃分子聚集在一起，但包皮环切手术后，它们会自动消失。

研究表明，某些细菌简直堪称艾滋病病毒的招待委员会。不过，至少有多项研究声称，割了包皮的男性发生免疫缺陷综合征 [1] 的风险降低了 50%~60%。这在微生物学领域是一个令人震惊的消息。因为一般情况下，干预微生物组的行为必然会事与愿违，结果往往会令人失望。但在这里情况却恰恰相反，

[1]　指后天性免疫缺陷综合征，即艾滋病，又名"获得性免疫缺陷综合征"。这是一种危害性极大的传染病，由感染艾滋病病毒（HIV 病毒）引起。HIV 是一种能攻击人体免疫系统的病毒，使人体丧失免疫功能，易于感染各种疾病，并可发生恶性肿瘤，病死率较高。——译者注

意外出现了可喜的结果。

通常无论男女，私处菌群紊乱都会引起炎症。出现这种情况的时候，自然的反应是免疫细胞会赶来控制炎症。但是个别免疫细胞却形迹可疑：它们公然向敌方艾滋病病毒发出邀请信号，表示希望被其攻占。它们，用微生物学家的专业术语来表述，就是携有 CD4 受体 [1] 的免疫细胞。

因此，生殖器部位的炎症可能会导致一条灾难性的因果链：私处菌群炎症症状越严重，赶来的免疫细胞就越多；炎症区域的免疫细胞越多，携有 CD4 受体的可疑细胞就越多；而携有 CD4 受体的免疫细胞越多，就越容易感染艾滋病病毒。

微生物之性——一场艰难的旅行

所有这些都指向一个问题，就是关于微生物自身的性行为的问题。在微生物学中，它们被视为无性生物，可以无性繁殖维持其物种：在良好的营养条件下，一个细胞大约 20 分钟就可以分裂成两个具有完全相同的遗传物质的副本——就这么简单，没有分娩之痛，不流一滴汗水。

基于其繁殖的性质和速度，微生物比其他任何物种都更有能力迅速地在某个地方生息繁殖。然而这种"高速造林"模式也有其潜在的问题：它完全是为了迅速增长且相当于近亲交配。

---

[1] CD4 受体：全称"表面抗原分化簇 4 受体"（Cluster of Differentiation 4 receptors）。在分子生物学中，CD4 代表免疫细胞表面的糖蛋白。——译者注

这将复制出无数的单一菌落，即所谓的"克隆"。这样的群落面临着进化的困境。因为一个物种能否成功进化基本上取决于其遗传多样性。

正是由于这个原因，当一个微生物横尸路旁时其他微生物绝不会谦让，一定会风卷残云般地把同类尸体一扫而光，毕竟这是可以丰富自己遗传物质的大好机会。这个过程在分子生物学中被称为"转化"。

但是微生物还有一种更直接的方式来传播它们的遗传物质，这很容易让人联想到性交。不过，从专业书籍对此使用的"共轭"[1]一词来看，这显然不是一件有诱惑力的事。

细胞之间通过性菌毛[2]来性交。性菌毛拉丁语"Pilus"的意思是一根头发，并且暗示此物比它的附着物要长好几倍。而"Pilum"一词被翻译成长矛，或者投掷标枪。如果用"Pilum"这个词来表示性菌毛，那也很合适，因为整个过程非常粗鲁——就像用钩子钩住性伴侣一样，然后用长矛状的阴茎刺戳。

---

[1] die Konjugation：共轭，一般用以描述两件事物以一定规律相互配对或孪生。——译者注

[2] der Pilus：拉丁语，是一些细菌表面的毛状物，可用于和其他同种细菌的细胞结合。——译者注

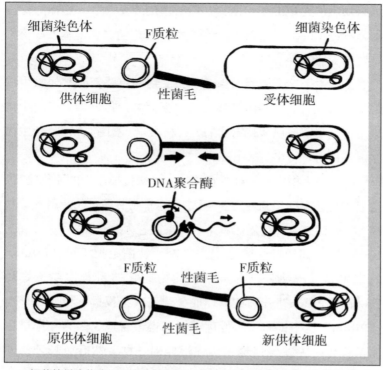

细菌等微生物也可以发生性行为，即互相交换遗传物质。共轭就是一个例子。一个细菌用它的性菌毛抓住另一个细菌，逐渐拉近，用类似血浆的原生质粒建立一道桥梁，通过这个原生质桥交换彼此的DNA。例如，细菌以这种方式交换抗生素抗体。质粒[1]是带有相关抗体信息的环状 DNA 分子。它们通过酶进行复制，然后转移至受体细胞，使其成为新的供体细胞

主导一方的细菌会通过位于性菌毛末端的传感器测定性伴侣的方位，最终达到传递自身所携带的微小的环状 DNA 分子副本的目的。在这种所谓 F 质粒上存储了它作为供体细菌的一

[1] das Plasmid（词源：plasm 为生殖质，-id 表示粒）：质体，或质粒，是指在细胞的染色体或核区 DNA 之外，能够自主复制的 DNA 分子。——译者注

部分基因组，会被它强行传给受体细菌。

至于主动方的细菌是如何找到适合交配的同类菌的，仍是微生物界的未解之谜。已被我们所知的是，当受害者被强行传播染色体之后，它们又会成为新的猎人主动寻求猎物来接受它们遗传物质的感染。这种攻击一而再，再而三地将一批又一批原本人畜无害的细菌转化为可能会危害人类的"泼皮无赖"。例如，传播的遗传物质中如果包含对抗生素药品的抗药性，那么受体细菌将把医院变成阽危之域。

这种无害细菌变成有害细菌的情况，我们每个人都曾经切切实实地亲身经历过。新旧遗传物质的结合可能会导致突然出现恶性病原体。一个特别具有威胁性的病例是肠出血性大肠杆菌 [1] 引起的肠炎感染浪潮。这场感染从 2011 年 5 月至 2011 年 7 月首先席卷了德国北部。当时，有将近 3000 人染上便血性腹泻，甚至有 53 人不治身亡。疫情之源最终被确认为从埃及进口的葫芦巴籽豆芽所携带的病原体。这种蔬菜因此也颇受牵连蒙上了污名。

据推断，这场灾难是由病毒引起的。有可能是在埃及某地，一种含有强力毒素的遗传信息被传播开来，也就是肠出血性大肠杆菌。而这种大肠杆菌极易粘在人类的肠道中，就此导致混合成毒性极强而又极具侵略性的怪兽病毒。恐怖的是，这种破坏性极强的克隆混血细菌每时每刻都能产生。就在您阅读这几

---

[1] Escherichia coli：肠出血性大肠杆菌，缩写是 EHEC，全称 Enterohemorrhagic E. coli，是大肠杆菌的一个亚型，可引起感染性腹泻，因能引起人类的出血性肠炎而得名。——译者注

行文字的工夫，下一个以细菌性行为而出现的怪兽病毒，可能正在世界上的某个地方诞生。

　　前面的章节中介绍的生物膜在这里也起着重要作用。微生物所居住的雾气腾腾的狭小环境，方便了单细胞生物更迅速、更频繁地找到合适的交配对象，使它们可以成功地将其基因传递下去。

头号通缉犯 —— 细菌王国的大反派
（可能就潜藏在你家里）

据估计，地球上生活着一万亿种微生物。如此看来，单细胞生物的种族多样性显然大于人类，因为人类只有一种。绝大多数的微生物对我们来说是完全无害的，其中一些甚至是必需或者有用的。但它们中间的一些不良分子却有可能毁了我们的生活。

根据我在许多社会活动中的经验，大多数人都喜欢令人毛骨悚然的细菌的故事。那么这里且听我细细分说细菌界的十大讨厌鬼，它们是细菌王国里的坏男孩，占据着常见细菌通缉榜前十位。

肉馅中的敌人 —— 沙门氏菌

如果你是一位科学家，拥有某种植物、某颗恒星、某种先前未知的恐龙，又或是某种会引起腹泻的细菌的命名权，你会如何命名呢?

美国兽医学家丹尼尔·埃尔默·萨尔蒙（Daniel Elmer Salmon）不太可能有机会做出决定。然而他是沙门氏菌[1]的主要发现者，因此这种细菌最终以他的名字正式命名。

在尚无制冷技术对食物进行冷冻防腐的年代，沙门氏菌是一场严峻的磨难。并且当时厨房和肉类加工厂的卫生标准也没有现在严格。直到 1992 年，德国还有 192 000 例沙门氏菌感染病例，而 2014 年，这个数字骤降到 16 000——已经减少到不足当年的十分之一!

马铃薯沙拉和鸡蛋类的菜肴是这种病原体最理想的温床，尤其是在夏季阳光下长时间放置的时候,病原体能够肆意繁殖。历史上，传播沙门氏菌风险更高的要属仔鸡肉。从 2006 年起，欧洲规定给蛋鸡进行疫苗接种，这一措施对减少沙门氏菌引起的疾病起到了决定性的作用。

和诺沃克病毒[2]不同的是，沙门氏菌只有在体内聚集到一定的数量时才能对人体造成伤害，为此需要大约几万到百万之多。有时只需要几个小时，它就会引起强烈的呕吐或者腹泻。

---

[1]　das Salmonella，或复数 Salmonellen，沙门氏菌不是一种细菌，而是一类亲缘关系很近的细菌的总称，分类学中叫作沙门化菌属，是革兰氏阴性肠道杆菌的一个大属。据说，美国兽医学家萨尔蒙（Salmon）在一场猪霍乱中发现了这类细菌。——译者注

[2]　das Norovirus 诺沃克病毒，又称诺罗病毒、诺瓦克病毒，是一种能引起非细菌性急性胃肠炎的病毒。诺沃克病毒感染多发于人口密度较高和卫生环境差的地方，如邮轮。诺沃克病毒主要由粪口途径传染，即食物被充满病毒的粪便污染，在人口密度高的地方也可能通过飞沫传染。下一个章节会具体介绍。——译者注

身体健康的成年男女通常几天之后就可以恢复过来，将体内的沙门氏菌排出。然而对抵抗力弱的儿童和老人来说，情况就可能会发展到非常严重的程度。

如果遵守以下这些基本原则，染病的风险就会明显降低：容易腐坏的食物应收入冰箱，最好在 -4℃冷藏；要是肉馅或者蛋糕晒了一下午的太阳，那么等待它们的是垃圾桶，而且要归到可降解垃圾。

沙门氏菌感染的高发季节是夏季，夏季也是烧烤的季节。谁要是用处理过生鸡肉的餐具拌沙拉，那他无异于引火烧身；如果切完生肉用热水或者清洁剂把烧烤钳或者叉子洗干净之后再去碰沙拉，就不会有危险了。

最容易被低估的病原体的伏击地：沙门氏菌不仅存在于生蛋中，蛋壳上也有它们的身影。并且许多人还不知道的是，除鸟类外，爬行动物如蜥蜴、乌龟和蛇等也非常容易受到沙门氏菌的感染。这些动物虽然很少被当作食物，却是常见的具有国民情调的宠物。

株连蔓引——一触即发的诺沃克病毒

诺沃克病毒是一种真正的家庭病毒：只要有任何一名家庭成员被感染，则全家都会被传染。这条经验法则非常值得信赖，一触即溃，鲜有失灵。

如果幼儿园里有一个孩子开始喷射状呕吐，唯一有希望能彻底解救其他孩子的方法很极端，那就是把患病孩子放到地下室进行隔离。作为三个孩子的父亲，我知道我在说什么……

倘若诺沃克病毒是一种致命病毒，那么它能将整个人类在短短几个月内彻底消灭。这种病毒各方面都堪称完善，它可以承受极冷或者极热的环境，甚至可以在门把手、玩具以及其他物体表面上存活数周之久，并且只需要区区数十个到上百个病毒个体就可以造成感染——门槛低得可笑，仅仅用一只眼睛隔着二十米远朝诺沃克病毒感染者瞧上一眼，被传染的病菌就达到这个数量了。

不过事情也没有那么糟糕。当然了，如果你家里有儿童，那家庭气氛会紧张几天：首先您必须好好照料上吐下泻的孩子。当孩子渐渐好起来并不再需要你的照顾时，筋疲力尽的你恐怕要病倒两三天。给您一个忠告，找个人来照看你吧，但千万别说您得的什么病。

诺沃克病毒最吸引我的一点是，它只需攫获一名感染者就足以造成最大的伤害。一名生病的厨师通过一场圣诞晚宴就可以导致全公司的人腹泻不止。

2012 年，德国一所学校发生了大规模的感染，究其原因是水果米糊里的冷冻草莓带有诺沃克病毒。这造成了大约 11 000 名儿童和青少年在剧烈的呕吐性腹泻中煎熬。

对身强体健的人来说，诺沃克病毒会让人身体不适，但很少会有生命危险。另外还有一个好消息：出于某种原因，尽管医生和细菌学家目前都还不清楚是什么原因，但可以确认的一点是诺沃克病毒的感染通常在冬天发生。因此，只要时机合适再加上一点运气，你就可以在床上度过圣诞节，只是旁边没有家人。

鸡肉上的恶魔——弯曲杆菌

如果有一场给流行病菌感染进行颁奖的闹剧，那么弯曲杆菌极有可能摘取桂冠。尽管沙门氏菌属感染病例显著下降，但大名鼎鼎的沙门氏菌依然声名在外，而弯曲杆菌这个恶棍却并非人尽皆知，原因很可能是这个恶魔的名字不好翻译，如果意译为"弯曲的棍棒"则过于拗口。

德国联邦风险评估研究所（BfR）每年统计多达 75 000 个确诊的病例。最近几年，这个数字明显呈急剧上升的趋势。患者多为 18~25 岁之间的年轻人。专家对此有一个合理的解释：年轻人不再熟悉家庭卫生最基本的原则。

弯曲杆菌很常见，如在鸡肉当中就有。许多人甚至不知道这种病原体有多危险。起初，它会引发胃肠道感染；然后我们的身体会形成针对这种病原体的抗体，这时它们甚至可能开始攻击我们的神经细胞，严重的会造成神经紊乱，最糟糕的情况下可能导致瘫痪，就是所谓的"吉兰－巴雷综合征"[1]。

喜欢吃鸡肉的人，但凡了解这些，就会把厨房的生鸡肉视同放射性污染物质，任何接触过生鸡肉的物件要么彻底清洗，要么直接扔进垃圾桶。绝对不要在朋友来参加烧烤聚餐的时候，

---

[1] Guillan-Barré-Syndrom：吉兰－巴雷综合征，简称 GBS，也叫"格林－巴利综合征""脱髓鞘多发性神经炎"，由两位法国神经病学医生于 1916 年发现，后以两名发现者的名字联合命名。格林是一种罕见的急性免疫性周围神经病，可由多种因素诱发，70% 的患者有前驱感染史并且其中八成是弯曲杆菌感染。患者恢复期数周到数年不等，约有三分之一的患者留有终生肌无力后遗症，全球致死率约为 7.5%。——译者注

用刚料理过生鸡肉的手跟他们握手。

现在相当流行直接从奶农那里买牛奶，牛棚里刚挤出来的新鲜牛奶甚至还是温热的。既然可以直接从源头购买牛奶，那么牛奶何必还要进入乳制品行业周转呢？那些想绕过高温灭菌防腐工艺的人必须了解的是，牛奶中也游弋着弯曲杆菌。因此，孕妇和免疫力差的人应尽可能地避免食用生牛奶。

可以避免的——轮状病毒

在孩子生病时，经常会有一个问题困扰着家长：什么时候应该带孩子去医院就诊[1]？轮状病毒感染的症状和诺沃克病毒很相似，然而易感染的主要是幼儿和婴儿。长时间的呕吐和腹泻尤其容易导致孩子脱水，基于这个原因，约有 50% 的患儿需要入院治疗。

不过，新研制的吞咽型疫苗可以使婴儿免受这种折磨。与诺沃克病毒不同，轮状病毒毒株可以在实验室中人工培育，这对疫苗的研发非常有帮助。

而且，轮状病毒也只需要少量病毒颗粒即可感染。那么，值得一提的是，降低其余家庭成员的感染风险，也就意味着给家里的小朋友消除危险的感染源，从而可以有效地减少他们受病痛呕吐之苦的可能性。

---

[1] 鉴于德国分级就诊的制度，一般病症看儿科医生、家庭医生的诊所即可，诊所没有住院条件。遇急重症才可以跨级去医院诊治。——译者注

对于轮状病毒这样的坏分子，医学上有一个名词叫作"涂片感染"[1]，听起来就让人不舒服得起鸡皮疙瘩。实际上，这意味着更换尿布时就很容易发生感染。这里同样可以通过最古老的卫生措施来显著地降低感染风险，那就是：洗手。

一体两面[2]的大肠杆菌

没有人是纯粹的好人或十足的恶棍。如果这个角色设定在细菌王国也同样成立，那么即将登场的就是大肠杆菌了。它是世界上知名度最高的细菌，也是最臭名昭著的细菌。大多数大肠杆菌是完全无害的，尤其是当它们老老实实地待在它们应该待着的肠道里面的时候。

我们每个人的体内都有大肠杆菌。每一克粪便中含有约十亿个（eine Milliarde）大肠杆菌菌株细胞。一旦这种细菌的某些变体来到错误的位置，则可能危及我们的健康。如果它们进入尿道，则可能会引起膀胱感染。由于人体结构的性别差异，女性肠道和尿道开口距离更近，因而女性比男性更容易患上尿

---

[1] die Schmierinfektion：涂片感染，或擦拭感染，表述的是通过接触携有病原体的物体或者其他生物的方式受到感染，主要是间接接触感染，也包括直接接触感染。——译者注

[2] Janusköpfig：原文形容大肠杆菌是雅努斯式的细菌，意在揭示它的两面性。雅努斯是罗马神话中守护门户的双面神，前后各有一副面孔。雅努斯既是开启之神，他会把门打开，保护进入者；同时也是关闭之神，会把门关闭，也保护外出者。罗马人把每年的第一个月献给雅努斯，一月由此得名。——译者注

道感染。

2011 年,有 53 人死于食用了染有恶性病菌的葫芦巴籽豆芽。这种病菌就是大肠杆菌的一个杂交变种:肠出血性大肠杆菌,其缩写是 EHEC,从此这个词人尽皆知。而由它引发的危及生命的病症的缩写 HUS 还鲜为人知,它代表溶血性尿毒症综合征,是由 EHEC 病原体直接导致的血性腹泻,伴有肾损伤,甚至可能导致中风。

除 EHEC 外,我们还知道其他大肠杆菌变种的名字,整个群体听起来就好像它们是联合国的伙伴组织:UPEC、ETEC、NMEC、EPEC……

数十人死于细菌引起的食物中毒,这在德国是一桩轰动的丑闻,然而不为人所知的是,在许多发展中国家,每年都有数百万人死于大肠杆菌感染。这主要是由于饮用水被排泄物污染而引起致命性的腹泻,而大量的儿童首当其冲。

即便是在德国医院里也不时会有这种细菌胡作非为:它们会造成婴儿患脑膜炎、慢性肠道疾病,以及膀胱感染,尤其可怕的是引起血液中毒,就是所谓的“脓毒症”[1]。

但也不乏反例,大肠杆菌[2] 还可以保卫肠道、抵御入侵者并防止肠道发炎。 这就是为什么在本职之外,它还在膳食补充

[1]   Sepsis: 脓毒症,是指由感染引起的全身炎症反应综合征(systemic inflammatory response syndrome, SIRS),临床上证实由感染引起。其病原微生物包括细菌、真菌、病毒及寄生虫等可疑感染灶。——译者注
[2]   原文此处用的是大肠杆菌的别名,即大肠埃希氏菌,因为它是德国奥地利儿科医生特奥多尔·埃舍里希(Theodor Escherich)于 1885 年试图找出霍乱病原体时分离出大肠杆菌才发现的。——译者注

剂和益生菌领域谋取了兼职事业的成功。

变色龙一样的流感病毒

拳击运动中有一个术语叫作"有效击打"。在 12 回合中切实到肉、着实会痛的出拳，才是有效拳。用这个标准来衡量，2017—2018 年的流感季节是一记真正的有效拳。超过 33 万名患者，约 1700 人死亡，这是骇人的数据。数周以来，国家的部分地区普遍处于紧急状态。一部分公共汽车和火车停运，停运的原因是许多司机病倒；政府机构不得不暂时关闭；在许多医院中，病倒的医务人员如此之多，以至于不得不关闭手术室并取消手术。

从理论上讲，流感不应该会发展到这么糟糕的境地，因为可以给人群提前接种流感疫苗。然而不幸的是，病原体一直在不断地变异，当前使用的疫苗与当季的流感总是不能保持同步。所以，当流感袭来才会出现上述那样灾难性的暴发。

流感导致的并发症通常不在报告中显示。例如，由细菌引起的过度感染可能导致有生命危险的肺炎。

流感和流行性感冒这两个概念往往被众多患者混淆。流行性感冒虽然和流感一样也是基于病毒感染，但通常没有杀伤性，三四天后就能恢复。

流感则是一记真正的有效拳。它很不适合我们遵从的普鲁士人的职业道德——即使忍受病痛折磨也要坚持工作。就像 1995 年的电影《非常嫌疑犯》里的经典台词所说的那样：魔鬼所使用过的最巧妙的诡计就是让人相信它根本不存在。这完全是在描述流感打在我们脸上的这记重拳。人们会以为"不过是打了个喷嚏而已"，然后拖着疲惫的病体来到工作岗位，却不知道自己早已病入膏肓。

流感这个狡猾的病毒通过这样的方式俘获了更多的受害者，如果他们多休息的话，原本可以安然无恙地逃脱。

僵尸细菌——金黄色葡萄球菌

显微镜下的金黄色葡萄球菌让人联想到金黄色的葡萄，而这已经说尽了这种细菌的全部优点。

大约三分之一的人都携带着金黄色葡萄球菌。金黄色葡萄球菌特别喜欢在鼻黏膜中筑巢。如果它一直待在那里，倒也一切安好。

如果金黄色葡萄球菌通过伤口进入我们的血液，情况就糟糕了。这种病原体极有可能导致血液中毒，据说还会引起坏死性筋膜炎[1]。这是一种听起来就能让人感受到痛苦的可怕疾病。病灶部位会在活生生的肉体上逐渐腐烂，甚至抗生素也无法抵抗具有多重耐药性的葡萄球菌病原体。大多数患者只能通过截肢手术来挽救生命，并且需要彻底清除创口和已感染的腐肉。

---

[1]　坏死性筋膜炎又称"噬肉菌感染"，是一种会突然发病而且迅速传播的严重疾病，病症包括感染部位皮肤呈红色或紫色、强烈的疼痛、高烧以及呕吐，常伴有全身中毒性休克。该病是多种细菌的混合感染，其中主要是化脓性链球菌和金黄色葡萄球菌等需氧菌。——译者注

此外，它还要为诸多其他不适症状负责：金黄色葡萄球菌能够分离我们红细胞中的血红蛋白并从中窃取铁。它会引起皮肤脓肿和脑膜炎、肺炎和泌尿道感染。

然而此时出现了令人惊讶的转变：金黄色葡萄球菌有这么一位亲戚，它最爱干的事就是踢自己这个反社会的近亲——金黄色葡萄球菌的屁股。这位正义的使者被称为表皮葡萄球菌，是人类鼻腔中的大佬。好消息是，表皮葡萄球菌会在鼻腔内用一种特殊的酶杀死它的近亲——金色葡萄球菌；不太妙的是，并非我们每个人的嗅觉器官中都藏有这位救星。

隐秘的疾病制造者——霉菌

在《观察者》对社会名流的问卷调查中有这样一个问题：如果能够从已经消失的东西中选择一项带回现代，你会选什么。有许多出人意料的答案，甚至有"礼仪"。

我不是什么知名人士，自然不会有人来问我。但我倒是准备好了一个答案：希望能够恢复简单的卫生规则，就像几十年前那样普遍。其中包括洗手，也包括良好的室内通风。

感谢上帝，那些贫苦的家庭不得不在家里"干巴巴"地过活的年代一去不返。但让我们面对现实：由于缺乏通风，许多公寓充斥着不健康的潮气。它带来的结果是霉菌生长。浴室里沟沟缝缝处的霉斑倒还罢了，问题是那些看不到的在墙纸下或橱柜后面蔓延的霉菌，可能会造成我们身体不适。

如果有谁在家里常年流鼻涕，或者眼睛刺痛，即便不是花粉过敏季，那他可能已经中招，成为霉菌的受害者。

一直以来，霉菌的致病性都被低估了。一个苏格兰科学家小组在一项研究中发现，霉菌每年在全球范围内造成约 150 万人死亡。令人震惊的是，尽管人们在动植物世界中早已认识到真菌和寄生虫的破坏性，然而在人类世界中，至今仍然没有足效的疫苗，无法对感染更好地做出反应，甚至能够对抗真菌感染的活性物质也非常有限。

令人作呕的蛲虫 [1]

这种寄生虫非常适合经典的儿童游戏"猜东西"[2]，而且孩子尤其容易受其影响。那么游戏开始：我看到了你看不见的东西，它是白色的，长约一英寸，细细的，像一条线一样从你的肛门爬出来！

全世界将近一半的人一生中至少遭受过一次蛲虫的侵害。

---

[1] Der Madenwurm：蛲虫，学名"蠕形住肠线虫"，后文引用的有拉丁语学名 Enterobius vermicularis。它是蛔目尖尾科住肠线虫属下的动物，又叫蛲虫、屁股虫、线虫，分布于世界各地。蛲虫成虫寄生于人体的回盲部，多见于盲肠、阑尾、结肠、直肠及回肠下段。当人入睡后，肛门括约肌松弛时，部分雌虫会爬出肛门，在附近皮肤产卵。是蛲虫病的病原体。——译者注

[2] 儿童游戏 Ich sehe was, was du nicht siehst，猜东西。游戏中一个小朋友要选一个东西向大家描述颜色、形状等特征，描绘逐渐具体，直到有人猜出来，并且由猜出来的人来开启下一轮游戏。因为描述过程中要用"我看到一个东西，你看不到。它是……的"这一句式，所以游戏在德语中叫作"我看得到你看不到"。——译者注

蛲虫通常是由孩子带入家庭的，因为孩子的手什么都摸，手指头还时不时不受管束地伸进嘴里。

蛲虫有碍观瞻，没人愿意家里有这种东西。不过虽然令人反感，但作为肉眼可见的生物，它能造成的伤害并不大。一剂驱虫针或者打虫药就可以解决它们。

孕妇的噩梦——李斯特菌和弓形虫病

命运如此不公，怀孕和分娩已经足够磨难了，但对于孕妇而言难以承受的还不止这些，还有一些暗暗埋伏着的细菌，它们使怀孕这个担子更为沉重。这就是为什么我们对李斯特菌和弓形虫这样的恶魔如何警惕都不为过的原因。

通常而言，两者都并不危险。但是它们的侵扰对于孕妇来说，却有可能是灾难性的。

鲜为人知的李斯特菌几乎是生活最简朴但生命力最顽强的生物之一。它们甚至不需要氧气，并且可以在极度缺乏营养的环境中生存。它们可以出现在大型的场所，但也能生活在密封橡胶、植物、混合肥料或废水当中。严寒或高温都对它们无能为力，只有当温度高于 70℃时它们才会死亡。

我们不禁要问，自然界为什么会产生这种抵抗力如此之强同时又完全多余的细菌。而我们也无法给出答案。只能建议孕妇，除远离上述场所外，无论如何不能食用未煮熟的生乳、提前切好的半成品沙拉、熏制以及腌制的鱼[1]，并且应该尽可能地避免接触这些食品，通过这些方式规避病原体。

　　这条建议也适用于所有生肉和猫粪，因为那里是弓形虫的游乐场。一个人一旦感染了这种寄生虫，它们就会立即形成抗体。首次感染只会在一种人生境况下产生毁灭性的效果：在怀孕期间。因为弓形虫无法对成人产生巨大的影响，但对未出生的胎儿却会造成最严重的伤害。

历史上的折磨——疥疮

　　有这样一个悬而未决的问题：设想一下，如果知道拿破仑·波拿巴也同样饱受这种寄生虫性皮肤病之痒，会让染上疥螨[2]变得具有吸引力一些吗？

　　拿破仑应该是在战场上感染了疥螨，从此他的卫生习惯陷入近乎洁癖的状态。长久以来，疥疮一直被贴着肮脏腐烂的标签，然而这不过是一场误会，显然皮肤干燥才是寄生疥螨的真正诱因，而不是不干净。任何人都有可能感染上。这种微型的状如蜘蛛的螨虫可能藏身于手指、脚趾之间，也会爬行至肘窝和腋窝处开凿它们的甬道，包括私处都是它们的舒适区。

---

[1] 德国的熏鱼和腌鱼都是生鱼熏、腌而制，可以直接食用无须加热。——译者注

[2] die Krätzmilbe：疥螨，也叫"疥癣虫"，是一种永久性寄生螨类。一碰到它，它就会寄生于人和哺乳动物的皮肤表皮层内，引起疥疮。通常只需要 10~15 只螨就能引起症状。——译者注

　　如果用现在常用的概念"疥疮"[1]来描述这个症状，听起来就没那么激烈了。"疥疮"这个词源于拉丁语的"瘙痒""抓挠"，这在一定程度上淡化了寄生虫对皮肤的侵袭。

　　但是这种一直以来被认为已经灭绝的奇痒抓挠之症眼看就要重返于世、再次来袭。德国两大保险公司之一的巴默（Barmer）医疗保险公司公布的健康保险报告显示，2016—2017 年，疥疮病例从 38 000 例增加到 61 000 例。市场上氯菊酯软膏销量的增长也印证了该病例的显著增多。这种药膏可以在几天内消除疥疮，因此，完全没有必要像拿破仑一样患上近乎洁癖的强迫症。可怜的统帅当年用汞包装的其他药品进行了治疗，效果却微乎其微。

---

[1]　die Krätze：疥疮，感染疥螨所致，是一种伴有剧烈瘙痒的顽固性皮肤病，由疥螨在人体皮肤表皮层内引起，属于接触性传染性皮肤病。最常见的症状为严重瘙痒和泛红丘疹。初次感染通常需要 2~6 周才会出现症状，但再次感染在 24 小时内就会出现症状。症状多数影响全身，但也有可能只影响某些特定区块，如手腕、手指之间或腰部皮褶等。头皮一般仅有小孩子才会受到感染。——译者注

2

细菌不是
独行侠

卫生假说 —— 为什么我们要解除武装

坦率地问一句：你怎样进行自我防御？不，不是你想的那样，当然是关乎卫生的防御。人们经常误以为卫生是清洁打扫的艺术，其实卫生更多的是关于预防传染病、促进与加强健康的科学。

"卫生"（Hygiene）一词源自希腊语 Hygieia：许癸厄亚[1]，是希腊神话中健康女神的名字。作为治愈之神阿斯克勒庇厄斯[2]的女儿，许癸厄亚继承了家族传统——掌管卫生和健康，成为药剂师的守护神。而她的名字也首先成了卫生的黄金

---

[1] Hygieia：许癸厄亚，相传也曾是雅典娜的一个别名。古希腊的健康之神，其典型形象通常是一个以碗喂蛇的少女。现在许癸厄亚喂蛇的碗杯已经成为欧美国家药店的标志，在几乎所有药店都有这样的标志。——译者注

[2] Asklepios：阿斯克勒庇厄斯，是古希腊神话中的医药治疗之神，他是太阳神阿波罗之子，形象为手持蛇杖，死后化身为蛇夫座。——译者注

准则：无论是在家里、地铁上，还是在工作中，一旦存在不卫生的状况，则应以最快的速度解决。

然而到底怎样才是卫生的？ 据说有些人没有消毒剂的陪伴就无法生存。不管怎样，这种高度的警觉性都让化工企业从中受益，不断推出或莹绿色、或荧光黄的混合剂，为我们营造了一种近乎无菌的居家幻象。

在这个容易感染的国度

但是本书的读者朋友已经了解：无菌是不可能的。我们和成千上万种不同类型的细菌共同生存。厨房里一块小小的清洁海绵里就居住着数十亿计的微生物（详情见下章）。我们始终被它们包围着——即便是在我们住所最偏僻的角落。咦，恶心？！

但真有这么糟糕吗？

尽管有些"经典卫生学"专家强调在医院和家中都要坚持采取抗菌措施的必要性，还是有军团杆菌在水龙头里探头探脑，还是有霉菌在壁纸下绵延生长，还是有沙门氏菌在冰箱里悄然藏身。这些看似不会使一个健康的人即刻病倒,但也经不起深思。

德国将变得越来越容易受到感染。为什么会这样？预计到2040 年，年龄超过 65 岁的德国人将超过 2300 万。现在即便是

更年轻的患者也惧怕长时间待在医院。欧洲疾病预防控制中心
（ECDC）认为，德国每年有 500 000 人会在住院期间受到由细
菌引起的所谓的"院内感染"[1]，并且造成其中约 15 000 人死亡。
而根据一些其他的评估，实际病亡人数几乎是这个数字的两倍。

　　血液中毒、肺炎、尿路感染和伤口感染，在常见的院内感
染中都榜上有名并且位列前茅。在我们的医疗体系当中居于康
复中心位置的医院，正逐步变成一个恐怖地带。

　　从那时起，公费和私立的健康保险都只为患者支付定额医
疗费。出于费用的原因，越来越多的病人被接回家中照料。
2015 年有将近 300 万人，并且这个数字还在持续增加。

　　这也是在家中采取消毒措施变得越来越有必要的原因。奇
怪的是，在卫生方面我们处于一种奇怪的分裂状态。一方面，
社会上的大部分人当中蔓延着对细菌和病原体的恐惧，有时甚
至引起恐慌。这种忧虑体现在前所未有的在抗致病微生物的大
量清洁和消毒产品的消费上，就像你在任何一家药店都能看到
的那样。

　　另一方面，我们却越来越忽视那些可以保护我们免受有害
细菌侵害的基本行为和元素。每个有孩子的人都知道：要教会
小朋友定期洗手需要付出多少时间和精力。 狡黠的小机灵鬼为
了省去这一程序的麻烦只打开水龙头短短数秒，常规的洗手程

---

[1]　die nosokomiale Infektion：院内感染，也被称作"医院获得性感染"，英
文简写为 HAI 或 HCAI，是指住院病人在医院内获得的感染，包括在住院期间
发生的感染和在医院内获得、出院后发生的感染，但不包括入院前已开始或者
入院时已处于潜伏期的感染。也包括医院工作人员在医院内获得的感染。——
译者注

序就草草结束了。 我感觉现在许多成年人洗手也是如此应付了事的。

然而大约 30 年前，卫生研究界被一种全新的观点动摇，这一观点显然颠覆了以往经过历史检验的认知：我们和我们的孩子们生活在一个无菌环境中吗？

缺乏锻炼的免疫系统

1989 年是具有历史意义的一年，这不仅仅是因为东柏林的隔离墙倒塌了。大约在同一时间，大卫·斯特拉坎[1]（David P. Strachan）论文的某些观点引起了人们的注意。被吸引的不仅是专家和学者，还有感兴趣的外行，因为来自英国的流行病学教授所说的与每个人都息息相关：斯特拉坎声称，让孩子在现代文明的无菌住宅里长大，就是在给明天制造病人。

乍一听仿佛是个悖论！但斯特拉坎拿出了证据：在儿童期处于低细菌环境中不利于免疫系统的发展，几年后缺乏锻炼的免疫系统将会面临最不愿意遭遇的挑战。自然，斯特拉坎在大约 30 年前就注意到城市居民的生育率越来越低。

据这位流行病学家估计，一个家庭中只有一两个孩子太少了，细菌的互相感染无法达到其需要累积到的程度。 斯特拉坎的假说认为，在临床干净的条件下成长的青少年显然更容易患上哮喘、花粉过敏和其他过敏症。

---

[1]　大卫·斯特拉坎，英国流行病学专家，卫生假说的奠基人。——译者注

不出所料，这番言论令经典卫生学家感受到了挑战。来自非专业人士斯特拉坎的这一观点被命名为"卫生假说"，这位伦敦的自然科学家对他的理论享有解释权。

一个有意思的细节是，"卫生"这一概念仅在斯特拉坎的论文标题中出现了一次，在正文却并没有出现过。也许安插这个词不过是为了让题目朗朗上口：《花粉症、卫生与家庭规模》[1]。

迄今为止，他的论断一直被认为与事实相符：现代生活在某些方面是不自然的，早年间儿童成群结队地在街上和流浪狗、流浪猫追逐嬉戏，尽管也经常生病，但那时候的日子反而更好。

让我们放进历史长河验证一下，这个理论究竟是事实还是臆想。卫生假说出现二十年后，鹿特丹伊拉斯姆斯大学的儿科医生约翰·德·琼斯特（Johan de Jongste）以大量的数据事实驳斥了这一假说的基本理论。德·琼斯特医生对大约 3500 名儿童进行了将近 10 年的追踪检查和评估，甚至包括产前的怀孕阶段。

早年的感染并非锻炼

这项调查的意义不仅在于看看孩子多大送进幼儿园合适，研究人员还统计了每个孩子兄弟姐妹的数量。起先，斯特拉坎的假设似乎得到了证实：两岁以前就送进托儿所的孩子患上呼

---

[1] 论文标题里的几个词和词组都是"H"开头，且同一个音，所以作者认为是按同首音法则取的标题，是韵法的一种。——译者注

吸道感染的频率是留在家中的同龄人的两倍。

对于有兄弟姐妹的孩子，呼吸道感染的风险甚至增加了四倍。然而这番磨难并没有像卫生假说提出的那样让孩子得到锻炼。这项研究的参与者们在 8 岁时最后一次接受的检查显示，托儿所里长大的孩子和在家里长大的孩子一样容易患上哮喘和过敏。

尽管如此，质疑现代卫生标准的阵营还是受到了鼓舞，因为在此期间颇有局限的卫生假说又被老友假说取代。由此可见，一种学说有一个好名字何其必要。

持这一观点的代表指责的是，我们现在缺乏与许多"古老的微生物朋友"接触的机会，如某些特殊的细菌或某种肠道寄生虫。 但是唯一原因并不像流行病学家斯特拉坎认为的那样，是基于儿童数量的减少和个人、家庭卫生状况的提高。后果更严重的恰恰是最近几十年来，西方世界的人类为了保护自己免受敌对微生物的侵害而建立的广袤的无菌区。

其中包括经过净化器层层过滤过的新鲜空气和饮用水。这些基本需求在人类的历史上从来没有像今天这样可以令人放心。但就像 2011 年 EHEC 疫情所揭示的那样，目前在食品方面仍可能出现触目惊心的意外事件。与 100 年前，甚至 50 年前的食品供应相比，如今超市提供的高度加工食品的安全性要高得多。

错误的方式——化学消灭

我们建造了一个看似完美的壁垒，以保护我们免遭自然的挑战。尽管如此，许多人的免疫系统还是越来越频繁地跌落至谷底。老友假说派的支持者会说：没错，这恰恰是原因所在！环境污染、压力和肥胖等原因引起的疾病无疑更是火上浇油。

用刺激性的化学制剂来清除我们周围的微生物动植物群这一方法，日益显现出它绝非一个高明的策略，尤其是作为针对性不明确的预防措施。

早已广为人知的是，许多非病原性微生物对我们极其有用，如可以激励我们的免疫系统。人类微生物组研究的一则核心认知是，我们的免疫系统与其说是抵御微生物的机制，不如说是与微生物交流合作的系统。而单向的交流有多么令人失望，相信每个人都曾经历过。

并且每一次草率地使用抗菌清洁剂、消毒剂或抗生素都必然会杀死有益细菌。而越来越多的证据表明，有益细菌可以帮助我们对抗恶性细菌。

意大利微生物学家已经证实，在医院中使用化学清洁剂来清洁表面，短期来看是有效的。但是时间稍长一些，弊端就会显现出来。超过 50% 的病原体很快会卷土重来，而且回归后就像漫威漫画中的绿色怪物"绿巨人"浩克那样，受到攻击时反而变得更强大！

这些恶性细菌对化学性的大棒驱赶产生了抵抗力，从此再也无法被驱逐。相比之下，用含有活微生物的益生菌剂清洗可获得更好的效果。研究人员用含有 3 种细菌的酊剂来攻击医院的病原性细菌，酊剂中的细菌清洁队勤恳地冲击清洗着敌方单细胞生物并取得了成功。自此一役，90% 的致病细菌被永远消灭了。

我们的家——与微生物共享公寓

意大利同事激动人心的研究或许可以为人们重新认识我们一生大部分时间所处的生活空间铺平道路：四壁之内——我们自己的家。在美国进行的一项可行性研究中，科学家从 40 间不同房屋中的 9 个不同的位置采集了样本。结果显示，研究人员一共发现了 7726 种不同类型的细菌。这正对应着在人类肠道中所显现的细菌多样性。

顺便说一句，在门板和电视上发现了最大的微生物多样性——也许是因为它们容易吸附灰尘并且很少被清洁。室内微生物组主要是由人类及其宠物培养起来的。但是空气、室内的灰尘、饮用水、我们鞋底的污垢或带入房屋的食品也同样滋养着这个庞大的微生物帝国。

鉴于这些发现，试着这样去看待我们的家：将我们的家理解为几乎无法透视而又熙熙攘攘的肠道——是一个复杂的生活共同体，至少我们的一部分幸福安宁要归功于与我们共存的微生物。这不是更有意义吗？

美国著名生物学家杰弗里·戈登（Jefrey L. Gordon）在 2003 年的一篇专业文章《请尊重你的共生生物》[1] 中呼吁人类尊重共生体。15 年前，要求尊重我们的肠道微生物还是一项大胆的举措。而现在我们了解了细菌、病原菌和寄生虫在我们的健康中扮演的重要角色。也许现在已经逐渐到了一个可以提出

---

[1] 原文除德语译文题目外还注有原文章的英文标题 "Honor thy symbionts"。——译者注

同样大胆的要求的时候了："请尊敬您的微生物房客！"

半个世纪以前，我们还无法想象有一个微生物网络围绕着我们，并与我们的身体紧密地相互作用着。那么，房屋或公寓怎么就不可能拥有自己的微生物组呢？

人体自身微生物组的秘密还没有彻底被揭开，而微生物学家已经把目标对准了一个新的研究领域：所谓的建筑环境微生物组，也叫 BE[1] 微生物组。"建筑环境"包括人为建造的一切。地球上约有 6% 的无冰陆地被占据，建成了住宅楼、医院、办公室、政府机构、超级市场、工厂、体育场、酒店、游泳池、火车站、汽车、火车、地铁，甚至包括潜水艇和空间站。

这片极其多样化的生存空间还在不断扩展。而这块巨大的栖息地的开端在大约 2 万年前，以人类开始定居为起始。工业化国家的居民在室内度过了一生中大约 90% 的时间。因此，现在是时候让科学界更多地关注这个生存空间了，它对于我们的健康至关重要。

我们的家——气候环境最极端的地方

如果在学校课堂上问学生，地球上什么地方的气候最疯狂？得到的答案可能是北极、亚马孙或者戈壁滩。但是谁能想到，正确答案是住所。我们在自己的栖身之处，创造出自然界前所

---

[1] BE 取自其英文名的首字母缩写，分别是建造 Build 和环境 Enviroment 的第一个字母。——译者注

未有的极端气候环境。

试想一下，在一个干燥寒冷的冬天的早晨为房间通风一刻分钟，室外 –20℃。然后就紧闭窗户，再按下按钮把室温调节到舒适的 25℃。我不知道自然界有什么地方，极端到在这么短的时间内会发生温差达到 45℃的温度波动。

再举一个例子，在刚才那样开窗通风过后，一家人围坐在餐桌旁开始吃早餐。桌子上散落着面包的碎屑，还有一些果酱和奶酪；地板上这里一块黄油渍，那儿一堆炒鸡蛋渣。最后家庭清洁小分队出动清除混乱的局面：用热水，再喷上少量中性清洁剂，立刻把刚才营养丰富的栖息地变成了化学清洗过的荒野。对微生物来说，从富饶之地瞬间变成死亡之谷，在自然界中很难找到环境变化如此急剧的地方。

在狭小的空间中，极端的环境条件、陡峭的坡度和剧烈波动的形势，这些是建筑环境的典型特征。这些来回变化给我们的微生物带来了压力。目前的研究还不能解释这种压力是怎么产生的。而一个令人不安的假设是，这种不良的、极端波动的条件会培育出无法攻克的超级细菌[1]。

这个进程可能已经全面展开了。进化微生物学家认为，室内微生物会像宠物一样发展。20 000 年时间对于这样的发展想必足够长了。

而我们对微生物基础的了解还很匮乏，这有点像是将一个

---

[1] Superkeime：超级细菌，不是特指某一种细菌，而是泛指那些对多种抗生素具有耐药性的细菌，它的准确称呼应该是"多重耐药性细菌"。这类细菌对抗生素有强大的抵抗力，从而难以被消灭。——译者注

小小的手电筒照进黑漆漆的竖井一样。我们可以飞上月球，我们可以移植心脏，但是我们微乎其微的房客暗中在盘算什么，对此我们的认知非常有限。

好的杆菌对抗霉菌

也许看一下动物世界会有所帮助：对于许多动物而言，微生物组对它们的巢穴极为重要：蚯蚓在进食时实际上是利用了微生物。它们把叶子拽进管洞，然后利用叶片上原有的微生物预先消化叶子。诚然，这样一个外置的肠道如果放在我们的公寓中会造成一种惶惶不安的气氛。

从微生物中受益匪浅的还有切叶蚁。它们把切碎的叶子散置在它们的洞穴中任其长成蘑菇园来给自己提供食物。

许多花园的主人在他们原本精确对称的英式草坪上建起小型生态圈，花草甸成了森林居民和草甸住户的乐园。那么在我们的房屋和公寓里，是否也能建起这样的微生物群保护区呢？

卫生学家通常会指出住所中的"关键控制点"，这些地方是我们特别要求保持干净的地方，并且要求我们一定认识到病原菌的危险。也许在将来，可以设想会有"受控接触点"，我们可以在这些地方有目的地接触"好"的细菌。

未来微生物化的家庭生活实验室的一幕，不禁让人想起电影《007》中，来自英国陆军情报六局的詹姆斯·邦德从研发部武器专家Q先生那里拿到奇异诡谲的武器和稀奇古怪的汽车时的场景：当房间太潮湿、霉菌开始萌生的时候，浸有优质芽孢杆菌[1]的壁纸就可以与之开战。而地毯上培育着有益的细菌，当我们和孩子在地毯上嬉戏的时候不知不觉就被接种了益生菌疫苗。

为肠道菌群紊乱的病人进行粪便移植可能会产生神奇的疗效。也许有一天，可以将健康的室内微生物组输送到外界弱化了的环境中，如把黑森林农场里健康的屋尘[2]引进到柏林后院的寓所。

已经有一个在医院里建立"微生物组休养室"的创意，以让手术后的病人在这里细心培育可以与其共生的微生物。

这一切听起来仿佛遥遥无期，然而这一认识已经变得越来越清晰：在以后的日子里，我们应该对家居环境中的微生物群予以比现在更多的敬意和尊重。愿我们中间少一些像唐纳德·特朗普这样的人，不要尝试通过引爆原子弹的方式来解决我们臆想出来的卫生问题。[3]

有谁还记得汉斯-迪特里希·根舍[4]（Hans-Dietrich Genscher）？他从 1974 年到 1992 年担任曾经的德意志联邦共

---

[1] Bazillus，复数 Bazillen：芽孢杆菌属，是厌氧的有荚膜的杆菌，能形成芽孢（内生孢子），对外界有害因子抵抗力强，能产生细菌素，抑制病原菌。——译者注

[2] 屋尘就是家中积累的尘埃，包括沙尘、细屑、花粉、碎毛发、细菌、霉菌、虫螨及其尸体等。——译者注

[3] 有鉴于 2019 年 8 月间，美国总统唐纳德·特朗普多次向国家安全官员提议在飓风的风眼投放核弹以阻挡飓风。——译者注

[4] 根舍，德国自民党成员，两德统一期间的德国外交部部长，参与了民主德国、联邦德国和平统一的进程，推动了冷战的结束。坚持以倾听、交流、对话的"彼此接近"为信条，是一位技巧超高的沟通大师、外交家。——译者注

和国外交部部长，西装里永远穿着一件令人舒适的鹅黄色毛背心。他是外交和缓解危机的大师。根舍式地面对我们的情况意味着：必须谨慎权衡对抗微生物和益生菌的策略。 让我们成为出色的外交官吧，使各种力量保持平衡！ 那对我们的健康可能会大有裨益。

厨洁海绵 —— 世界上最大的 细菌旅馆

　　显然，孩子们都想要养宠物，最好是花园里有一匹小马驹或小仓鼠。实在不行养只小老鼠也成。有这么一个小男孩，他的宠物叫玛戈特。玛戈特是厨房的一块清洁海绵。

　　这个男孩的母亲对此事感到非常震惊，把男孩对四四方方的泡沫塑料的喜爱发布到了网上。她说，厨洁海绵基于其复杂的生态系统，相当可爱。这位名叫乔安娜的女士真诚地推荐"对于我们这些没有宠物的人，不妨以厨洁海绵充当小猫小狗的角色——至少就它们携带的细菌数量而言。"

乔安娜疯了吗？

　　我既不认识她也不认识她的儿子，不过他们的故事却引起了我的兴趣。尤其是厨洁海绵一事也并非与我全无干系。2017 年夏天，我和一些同事公布了一项研究结果，直观地展示了厨洁海绵上数不胜数的细菌数量。这块厨房清洁小帮手上生存着多达每立方厘米 540 亿个细菌。

粪便样本中的细菌密度

来进行一下比较：从大约 20 万年前的智人出现算起，地球上一共生存过估计有 1000 亿人；而在 2 立方厘米的厨洁海绵上细菌的数量，比地球上曾经生存过的人口总数还要多。美国大峡谷里得挤下三万亿人才能达到同样的生物密度。

世界为这一发现做好准备了吗？这一令人惊讶的发现在媒体报道上的印刷错误，方才使我们发觉，人们对微生物数量概念的认识微乎其微，完全不清楚微生物领域中"很多"和"很少"代表什么。

媒体把"5.4×10 的 10 次幂"，错印成了"5.4×1010"，使每立方厘米的细菌数量从 540 亿骤降到 5454 个，相差了近一亿倍。5454 个细菌，这在微生物学家看来是个少得可笑的数目。

即便如此，人们还是被这样的报道惊到了：区区一立方厘米的厨洁海绵中竟然有 5454 个细菌！

最近又有一项事实的披露引得人们惶惶不安：清洁剂中的细菌密度之高，达到了人类粪便样本中的程度。

《纽约时报》的编辑显然也是这样看的，研究结果发表几周后就打电话给我说，您必须知道，海绵卫生在美国是一个非常严重的问题。美国人投入了几乎是信仰一般的热情。 美国有不胜枚举的自称专家的人发表博客和网络视频，来阐释如何最好地清除厨洁海绵中的微生物。

厨洁海绵，细菌的天堂福地。在 2 立方厘米的厨洁海绵上生活着的细菌数量，比地球上生活过的人类总数还要多

因此，《纽约时报》的编辑问我，海绵用到什么程度就应该丢进垃圾桶了。我当时应该是想到了著名的恐怖片《捣蛋鬼》中的一幕——牛排像被施了魔法一样在厨房的餐台上自行移动，就打趣说："当它开始跑步的时候。" 我花了很长时间跟她解释这只是个玩笑。

最终发表在《纽约时报》上的这个小故事本来应该以一种风趣的方式回答一个有意思的问题：海绵为什么会有异味？恐

怕是源于存在感超强的奥斯陆莫拉氏菌[1]，它会产生发霉的气味，有时候洗过的衣服如果存放在潮湿的环境中也会散发出这种霉味。

美国恐慌，欧洲忧虑

我远远地怀着半消遣半怀疑的心态，看着这篇篇幅相对较短的报道所造成的反响。文章发表之后，作者就被那些不知所措的读者成堆的来信淹没了。

后续第二篇文章对一些内容进行了一些调整。但不容忽视的事实是：厨洁海绵是微生物聚集的热点。用卫生学家的话来说就是一个"关键控制点"。从专家的视角来看，"关键控制点"是家务劳动中那些最棘手的角落，是尤其需要经常注意保持清洁的地方，因为这里可能潜藏着不利于健康的风险。

我并不是说只有美国人关注这个话题。实际上，这个话题在欧洲也引发了一部分人的恐慌情绪。不难理解，为什么这个话题引起了如此大的兴趣。仅仅在德国，就有超过 4000 万个家庭的厨房里有至少一块散发着难闻气味的厨洁海绵，甚至可能有两块或更多。综观整个欧洲，大约有 2.2 亿个这样的家庭，保守地估算大致有 4.4 亿块厨洁海绵。

这样的一块海绵干重只有区区 10 克，似乎无足轻重。但 4.4 亿

---

[1] Moraxella osloensis：奥斯陆莫拉氏菌，杆状或球状的莫拉氏菌属的一种革兰氏阴性、氧化酶阳性的好氧细菌。很少感染人类。——译者注

块这样的厨洁海绵已然形成浩然之势。

但是，是什么原因让这些厨房清洁小帮手成为颇受细菌喜爱的安家之所呢？我们对实验室里的 14 块不同的海绵进行了测试，从里面找出了 362 种不同类型的细菌。种类之繁多，显然超出了人们对日常用品的含菌量所能够想象的程度。从细菌的数量来看，一块用过的海绵中的微生物总量几乎与一个人全身的微生物数量一样，有十万亿之多。但如果说，一块像玛戈特这样的厨洁海绵都有自己的微生物组，那就大错特错了。

德国超市出售的厨洁海绵主要是由合成材料（如聚氨酯）制成的塑料制品 [1]。肉眼不可见，但放在显微镜下就一目了然了。这种材料具有无数的泡孔，这些泡孔拓展了表面积，在海绵内部形成了巨大的表面。这意味着微生物有足够的空间生长和传播。

另一些例子可以解释，为什么厨洁海绵是微生物的豪华宾馆。如果我们入住一家酒店，水管漏水，天花板、墙壁和地板都湿漉漉的，我们肯定会对这样的客房厌恶至极。但这恰恰是细菌们所喜欢的，房间湿润，有各种免费的美味佳肴，还有可以称得上豪华的客房服务：每擦一滴酸奶和几滴炸鸡的汤汁，就可以为病原体们提供足够的营养。通过鸡肉的残渣，我们备受低估的伙计——弯曲杆菌就这样首先入住了细菌客房。

---

[1] 就是所谓的聚氨酯发泡海绵，据发明者称，其是仿照瑞士奶酪的结构发明的，所以内部孔洞无数。——译者注

从沙拉到厨洁海绵，粪便细菌无处不在

根据我的经验，素食主义者通常希望通过放弃肉类来减少他们的厨洁海绵的细菌繁殖。然而这只达到了一部分效果。这一举措诚然挡住了来自肉类的恶性菌种的侵扰，但其他令人讨厌的细菌大军依然可以长驱直入。

例如，李斯特菌也会潜藏在蔬果上。而水果、蔬菜和沙拉也可能会有 EHEC 的问题。我们不能忘记 2011 年的大肠杆菌感染事件就始于葫芦巴籽豆芽。相比于那些爱吃汉堡和烤香肠的家庭，葫芦巴籽豆芽这样的蔬菜出现在素食家庭中的可能性恐怕更高。

用被粪便细菌污染过的水灌溉蔬菜可能会带来恶劣的后果。例如，莴苣的头部即便已经被很好地清选过，趴在水槽里发呆的厨洁海绵也有可能与被污染的水接触。这是一条有趣的路线：粪便细菌通过这种方式从浇灌的水中进入沙拉，然后再进入海绵。

在实验过程中不断发现肠道细菌，如大肠杆菌。这可能是因为大肠杆菌离开温暖舒适的肠道仍然可以长时间存活。

因为时不时会在厨房里煎炒烹炸，厨房的温度比其他房间的温度都要高。洗碗机和洗衣机的使用也会给周围环境短时间供暖。两相结合，温暖湿润，几乎是细菌最理想的生活条件。微生物社群就在这些黄蓝粉绿、绚丽多彩的塑料方块里茁壮成长，我们甚至毫无察觉地就把某个敌人招至身旁。遗憾的是，人们通常误以为厨洁海绵很干净，根本意识不到它实际上有多脏。

我还要告诉你一个更加苛刻的真相：如果你想规避厨洁海

绵被污染的风险，那么安全起见，最好一星期就换一个新的，把用了一周的旧海绵丢进垃圾桶。只是，在此期间我已经认识到，要让人们认识到这个真相有多困难。即便是每隔三五年就换一辆新车并且连眼皮都不眨一下的人，或者是在衣着装扮上投资不菲的人，在厨洁海绵这个问题上却都节俭得无比决绝。但这个真相不仅适用于我所居住的施瓦本地区 [1]，也适用于整个文明社会。

厨洁海绵和老鼠之间有什么关联

有的时候与其说我是微生物学家，不如说我更像是个理疗师。对于一个吃巧克力上瘾的人，要禁止他整天吃巧克力是徒劳的。可是如果我们调整一下流程呢？不能无时无刻地吃，但如果他一整天都没有碰巧克力，那么晚上可以奖励他一小块。这样我们就向目标迈进了一步。这里的方法也没有什么不同。当然如果有人非要让厨洁海绵充分地物尽其用直到变成一团其形难辨的可疑纤维，那么悉听尊便，这就不是我的问题了。

不过也许还是有一两个办法可以阻止海绵里暗暗滋长的细菌大军。一个基本问题：厨洁海绵和老鼠有一些共同点。两种生命形式都具有极强的适应性。据推测，老鼠也许能够在核战争中幸存下来。我不是动物学家，对这一说法也半信半疑。但我毫不怀疑，如果核战爆发，那些入住海绵宾馆的细菌种群，

---

[1] 施瓦本地区的居民在德国素以节俭著称。——译者注

可能全员，或者至少它们中的一部分，可以死里逃生。我们的问题就此展开。

有几种清洁厨洁海绵的方法。可能很大一部分现有细菌会被杀死，一小部分具有特殊抵抗力的微生物将在这种直逼生存极限的攻击中幸存下来。这里的"小"部分意味着什么？如果清洗之前海绵里有将近 10 万亿细菌居民，那么洗涤之后存活下来的可能只有大约 1000 万个。也就是说，存活率大约是 0.0001%。

但幸存的细菌总数仍然是一个不小的数目。柏林大约有 350 万人口。1000 万大约是柏林人口总数的 3 倍。不过我们要清醒地认识到，这些活下来的细菌也是最顽强的，将会进入下一轮的培育。

我们的研究表明，清洁过程偏偏放过了海绵中可能会致病的细菌。如此看来，我们似乎正在通过频繁地清洁海绵而逐渐培养起一支少而精、抗性强、绝地武士一般的病原菌军团。

微生物学家早就认识到了极端微生物现象。顾名思义，这些微生物可以适应极端的环境条件：盐湖、酸池、火山塘或冰旷野。你不妨来猜一猜这是我们星球上的什么地方？没错，就在我们每个人的家里！

无论是温度、pH 值还是化学元素方面，都几乎找不到任何一个地方可以如此极端，同时又具有波动性。例如，一边在烤箱里以 220℃ 的高温烘焙比萨，另一边餐后甜点梦龙雪糕正冷冻在旁边几步之遥 -20℃ 的冰柜里。在自然界中，几米远的地方能陡然产生 240℃ 的温差是极为罕见的。

在最为狭小的空间中，这种极度波动的环境条件给许多微生物造成了巨大的压力。有一些细菌就此走向灭亡，但也有一些细菌适应了极端环境，生存了下来。基于这层原因，恐怕没有任何一种精进的洗涤方法可以将海绵清洁到无菌状态，至少在普通家庭的条件下无法达到。

干船坞中的海绵

幸运的是，崭新的海绵中几乎没有多少细菌，至少在我们的研究中没有发现。有一次在上电视节目的时候，我意识到了如何让厨房海绵中的细菌脱水。

节目组邀请了居住在附近的几个家庭进入科隆的摄影棚里做嘉宾，而我和一组记者在那儿以随机摇铃的方式向他们索取海绵样本。然后我们把这些样本送到实验室，检查海绵上的细菌总量。检查结果令参与者震惊不已。

节目主持人也提交了一份海绵样本。检查结果表明，他的海绵远比其他的海绵干净。原来主持人在录节目时刚刚度假回来，他呈交给我们的是一块完全干燥的海绵，上面的细菌几周前就已经饿死了——这真是一种巧妙的灭菌方法！试想一下，在厨房里可以同时使用几块海绵，然后轮流送去干船坞中进行脱水。

不断有人要我认同他们的海绵清洁方法。就像流行歌曲排行榜一样，我曾经列过一个十大首选常用方法表，就像前文提到的那样，用列表上的任何一种方法来清洗海绵都无法达到无菌的标准。这就让我们想到了关键问题：它究竟有多危险？

给用过的厨洁海绵清除细菌的 10 种最好的方法
——尽管仍然不能除尽细菌

1. 洗衣机（60°C用全能洗衣粉机洗）
2. 蒸汽锅（高压锅亦可）
3. 洗碗机（深度清洁程序）
4. 微波炉（浸湿海绵，并沾少许洗洁精）
5. 用含氯漂白剂浸泡
6. 汤锅（煮）
7. 用醋或其他酸性溶剂浸泡
8. 温水冲洗并晾干
9. 冷冻
10. 用含有乳酸菌的益生菌清洁剂浸泡

结果令人不甚满意，是一个"这取决于……"的开放式答案。如果你恰巧怀孕了，或者由于年龄或疾病的原因而造成免疫系统薄弱，那么海绵中的某个危险细菌可能足以把你送进医院，甚至可能危及你的生命。

"如果""可能""在某些情况下"……看到这样的词组你也能猜到，的确，也有可能即便你一生都使用着一块遍布病原体的脏抹布照样安然无恙，甚至更好——依照我们已经在上个章节了解的所谓卫生假说的理论，说不定它还会有益于你的免疫系统。简略地说，科学界就这一分歧已经争论了好几十年。

有一块四四方方的宠物，总比没有强

有一派微生物学家，总是不断地指出细菌的危害，标榜现代洗涤剂工业的好处。还有一派微生物学家对清洁除菌产生了怀疑，认为未必需要把我们的住所打扫得一尘不染到无菌的程度。这些专家宁愿相信，当孩子们仍在泥地中嬉戏并在农场与猪、羊一起玩耍时，才达到了细菌学的理想状态。同时出现了诸如"不干不净吃了没病"和"掉在地上不超过五秒钟的东西依然可以吃"这样饱含民间智慧的言论。

这些言辞很容易通过经验甄别真伪。而要驳斥诸如卫生假说的观点则并非易事。让我们再回到宠物海绵玛戈特。严肃地以科学的眼光来看，这一生物（既然它已然修炼出了自己的微生物组）完全可以填补一切原本应该被宠物占据的空白，还具有其他宠物所不具备的优点：这个小不点不需要昂贵的食物和猫砂，不会动不动就要出门遛，更不至于因为叫唤吵得整栋楼都鸡犬不宁。即使它走到生命的终点，主人也不需要承担医治费用。

在我们的研究引起了全世界媒体的关注之后，一个非常健谈的加拿大人联系到我。电话一接通他就愤愤不平地指责我破坏了他的经营理念。这从何说起呢？

原来他是想以加拿大制造的塑料泡沫的厨洁海绵打开美国市场。要知道美国市场上销售的主要是木浆纤维素海绵。这种天然制品本来就容易变质，更何况还要不停地接触刺激性的化学清洁剂。但无论哪种海绵，都一样会滋生细菌。商人坚信，他所出售的这种海绵比另一种被细菌污染的速度要慢一些，并且不需要那些化学清洁剂。

可惜我们对塑料海绵的研究显示了恰恰相反的结果。为此我感到有些遗憾。另外，在这次对话中，他向我展示了什么才是真正的商人，那就是：无条件地相信自己的产品！

顶级的技术——但是为什么要浪费在这件事上呢？

在展示媒体所受关注度的门户网站 Almetric Index 上，我们关于清洁海绵的研究最终在 2017 年最受关注的研究中名列第 52 位，排名甚至在恐龙研究、新的癌症疗法和购物使人心情愉悦之前。到目前为止，已有 179 个新闻门户网站对这项研究进行了报道。

投射到电影世界的话，可以说我们拍摄了一部低成本电影，却出人意料地成了票房大片。这项研究的经费约为 5000 欧元。在当今学界这笔费用不过是小菜一碟。然而，我们还是收到情绪激烈的邮件，指责我们浪费纳税人的钱。

这项研究向我表明，科学工作者有时需要相信自己的直觉，因为我们在调查初期的经验并不一定令人鼓舞。2016 年秋天，我们在德国乌尔姆举行的德国卫生与微生物学会（DGHM）年会上以海报的形式展示了我们的论文，但没有引起人们的兴趣。普遍反应是：顶级的技术，但是为什么要用在厨洁海绵上呢？

插话：肉泥刺猬^[1]——世界上最危险的"动物"

它于20世纪50年代问世，首先诞生在年轻的联邦共和国

---

[1] 冷餐会中的一道菜，其实是用来直接涂面包吃的生猪肉泥，通常会摆盘成刺猬或者小猪的样子，叫作"肉泥刺猬"或者"彼得猪"，是德国比较有名的黑暗料理。——译者注

的宴会厅中。其发育神速，从"胚胎"形成到"出生"只需要20 分钟左右。生成的动物看起来很可爱，吃起来很可口。

它的威胁既不在于它那用肉泥塑成的尖尖的嘴巴，也不是来自它用新鲜的洋葱，或者盐粒条形饼干做成的长刺；它之所以危险，恰恰是因为它憨态可掬的造型和奇妙的口感。因为谁要把它吃进肚子里，谁就把自己的健康押上了赌桌。这个生肉做的小吃在一定程度上代表了我们对食物的态度。

来自肉泥刺猬的惩罚：戊型肝炎和沙门氏菌感染

2016 年 2 月，联邦风险评估研究所（BfR）发表公告："德国有 40%~50% 的家猪以及被杀死的德国野猪中有 2%~68% 感染了戊型肝炎病毒（HEV），或携有该病毒。"

棘手的是感染的动物没有显示出任何症状。而人类感染了这种病毒后会有患上肝炎的危险。

生肉也是沙门氏菌的重要感染源。沙门氏菌聚集 1 万到100 万的数量就可以致病。这个数目听起来很庞大，但是通过细菌分裂的方式可以迅速达到。儿童、老年人、免疫力低的人以及孕妇，尤其容易受到感染。感染的表现包括腹痛、发烧、腹泻、恶心和呕吐。

但是为什么生的猪肉、牛肉会成为滋生危险细菌的温床呢？答案并不是因为微生物偏爱肉类。

我们日常的荤菜是腐败了的肉类

肉泥是切碎了的动物肌肉，富含蛋白质和易吸收的铁元素，无论对人类还是微生物来说都是一场口腹盛宴。肉在切割、剁碎的过程中，表面积大大增加了。把肉加工成肉泥相当于给细菌嚼碎了喂它们食用。如果肉泥不能始终保持在 2~4℃的冷藏温度，那么里面的病原菌会急剧繁殖。

不要忘了，买来的肉本质上是一种正在腐败的食物。在屠宰和进一步的加工过程中，数百万种细菌进入了自然状态下无菌的肌肉组织。如果碎肉泥冷藏温度不够低，沙门氏菌等细菌的数量大约每 20 分钟就会翻一倍。也就是说，一个孤零零的沙门氏菌经过短短 6 小时的时间就会分裂成 262 144 个。细菌可不是独行侠，不会保持孤家寡人的状态！

这一危险通过短时间的高温烹炸或浓盐腌渍之类的方法无法消除。唯一能规避这一危险的方法是用核心温度为 70℃的中高温持续加热烹调两分钟以上——但这也意味着生肉刺猬实际上已经被烧死了。

生肉里的细菌无法避免

无论是从超市还是从肉店购买，生肉中普遍会含有细菌，只不过可能细菌数量没有特别高。专家通常建议碎肉类食物要购买当天加工的，并且推荐使用冰袋来进行运输。肉店的肉往往给人更新鲜的感觉，但那里的肉泥从绞肉机里取出后会放在没有冷藏设施的橱柜里展示出售。而超市出售的肉泥通常都在冷藏区。此外，人们还在生肉泥的包装内注入了含有大量二氧化碳或氮气的保护性气体，从而降低了细菌的增长速度。在2015 年的一项调查中，德国商品测试基金会[1]对 21 个产品进行了测试，结果在其中的 11 种中发现了可疑病原体。

调查显示，有机产品的细菌含量要低于常规产品。这是不是意味着，有机肉类有天然的优越性？倒也未必。何况有时有机肉类和有机肉泥与其他常规肉类在同一个屠宰场进行加工，因此始终存在细菌传染的风险。

更明智的办法，推荐选择和生肉刺猬一样可爱但卫生方面更有保障的替代品：奶酪刺猬。

---

[1] Stiftung Warentest：商品测试基金会，是成立于 1964 年的独立测评机构，保持中立立场。它是目前德国两大权威的第三方测试评比机构之一。——译者注

厨房卫生 —— 那些狂野的细菌 住在哪儿

2018 年 5 月，一本澳大利亚男性杂志刊登了一篇文章：《为什么她要感谢你和她在厨房的椅子上做爱》。文章意在说明按部就班的日常生活会使爱侣之间的激情降温。自然，还是没有人跑来问我的看法。不过从微生物学家的角度来看，对于把厨房当作两性缠绵之地的建议我是持保留意见的。因为家里任何角落的细菌包括有害细菌，都没有厨房多。

如果我们用肉眼可以看到细菌，那很有可能会尖叫着逃出厨房，并且想住进厕所。

在许多家庭中，厨房是家庭生活的核心区域。而专家们一致认为厨房是整体家居中的卫生敏感地带。微生物在这个病原性低地可以从水、陆、空分三路同时攻击我们。

如果夜里裸身在白天准备鸡肉或者烟熏三文鱼的地方蹭来蹭去可能会很危险，尤其是在使用完厨房没有全心全意彻底打扫的情况下，病原菌可以在这样的表面上存活数小时之久。

被低估的危险——食物中毒

正如我们所知，定居在我们身上的数以万亿计的微生物和我们和平相处。而感染意味着有微生物闯入我们的机体并触发了防御机制。有时候我们对这种感染毫无察觉，有时候我们的身体会出现呕吐、腹泻和发烧的症状。

由于这些症状通常会在几天后消失并且程度通常是在可以接受的范围之内，许多人并没有专门去看医生。 这正是许多厨房细菌感染未被发现的原因。

儿童、孕妇、老人，也包括健康但基于某种原因免疫系统暂时处于薄弱状态的普通人，都可能会遭受这种感染的打击，严重的甚至会致命。

危险的主要来源是我们的厨房中会用到的动植物食品。根据联邦风险评估研究所提供的信息，德国每年约有 100 000 例病例可能是由食物引起的。没有报道的病例数可能是这个数字的 10 倍甚至更多。

感染沙门氏菌需要达到 1 万至 100 万的细菌剂量。残酷的事实是，细菌可以迅速地繁殖。早晨八点，在早餐煎蛋里放入一条沙门氏菌，差不多中午就能达到致病数量。

无论"有机"还是"非有机"，细菌一视同仁

接触到危险细菌的一个可能的渠道，是所谓的粪口传播途径。这意味着在我们的食物上，如从超市买回家的菜上面，有少量的粪便残留物。人们永远无法完全避免食物不受细菌感染，即便是从有机商店买来的食物也不是绝对安全的。例如，灌溉用的水有可能是被粪便细菌污染过的水，蔬菜不知不觉地就被感染了；肉类则在屠宰过程中经常会受到感染。

如果我们从未洗的沙拉配菜上撕下一片菜叶，我们的手可能就粘上了粪便细菌。这就是一个比较紧急的情况了，因为此刻只要手背不经意间擦过了嘴巴，就足以使不请自来的粪便细菌侵入我们的机体中。

所谓的交叉污染也经常发生。在这种情况下，不当使用厨房用具，会使原本干净的食物受到有害细菌的污染。

切记不要用切过生鸡肉的刀切土豆或胡萝卜，至少在未经过彻底清洁之前不要切。如果你现在认为没有人会如此粗心大意，那你就错了。甚至关于烹饪的电视节目中也做了错误的示范。

烹饪节目的罪过

德国联邦风险评估研究所颇具娱乐精神地在一个研究项目中检查了100个电视烹饪节目的卫生状况。结果是毁灭性的。根据调查结果，电视节目平均每隔50秒就会出现一个清洁错误。最常见的清洁不当包括：脏手直接用毛巾擦拭，不停地用砧板

而从不进行清洁。

事实上，犯了这些错误的人可能会面临肠胃感染的风险。而我们的科学家用一种从根本上来说很奇怪的语言表达模糊了这一点。

从医学的角度来看，我们不是细菌的"受害者"，而是细菌的"宿主"。有一则民谚用来描述这段令人不悦的寄生关系最恰当不过：无所事事的人成了房东，一事无成的人成了房客——净给房东添堵找事做。

餐中餐——数十亿细菌在我们的食物上进食

美国微生物学家乔纳森·艾森（Jonathan Eisen）[1] 曾于2014年12月发表了一篇有关食品和细菌的非常有启发性的文章。我特别喜欢开头那句话，它客观地描述了一个直白的真相："粪便中的微生物比食物中的微生物赢得了更多的关注。"相较于吃进去的细菌，我们更关心已经排泄掉的细菌。

艾森证明，以平均的消费水平为标准，我们日常的一顿饭要吃进去数百万至数十亿个细菌。如果要遵循美国农业部的营养建议，我们应该多吃新鲜的生菜、奶制品、全麦食品和瘦肉。但是无论是这种被推荐的健康饮食，还是目前非常流行的超市

---

[1]　Jonathan Eisen：乔纳森·艾森，出生于1968年。他是美国进化生物学家，目前在加利福尼亚大学戴维斯分校工作。他的学术研究领域涉及进化生物学、基因组学和微生物学。——译者注

中的半成品沙拉，都富含细菌和真菌。

这是否意味着我们应该避免食用这一类食物？ 当然不是！只是潜伏在我们的食物上进入我们体内的不明乘客对我们的身体健康有什么影响，目前还不清楚。何况即使我们想要选择无菌的饮食，世界上也不存在这样的食物，就算存在也未必是理想的营养来源，因为和食物一起吃进去的许多微生物可以使我们的肠道菌群从中受益。

对那些有害无益的坏细菌，我们已经有了进一步的了解。坏消息是，无论我们烹饪鸡肉还是三文鱼，准备生肉泥还是生乳奶酪，甚至是生菜沙拉，沙门氏菌、弯曲杆菌、李斯特菌和大肠杆菌都在附近徘徊。好消息是，局面我们可以一手掌控，甚至不需要消毒剂或强效灭菌的清洁剂。普通的肥皂和洗洁精就能够除菌，它们可以清除碗碟上的病原体，并且破坏其脂质的细胞膜。

民间有一个传言：如果食物掉在地上，只要停留的时间不超过5秒钟照样能吃。那么以微生物学的标准来看，这样的食物安全吗？答案与其说是"可以"，不如说是更倾向于"不能"。尽管在地板上停留的时间越长食物被细菌污染的程度越深，但食物已然沾染了细菌，因为在接触地面的一瞬间细菌转移就即刻发生了。另外，根据美国同事的一项研究，西瓜上存留的细菌要比水果软糖上多。

来自寒冷地带的细菌——冰箱里的微生物

　　家庭卫生认知方面的几大错觉之一，就是以为冰箱有杀菌的效果。在冷藏温度 4~7℃ 的条件下，大多数的细菌只是减慢了生长速度，而李斯特菌完全不受影响。有害细菌在冰箱里的半成品沙拉上照样旺盛地生长。

　　冰箱里的剩菜是所有微生物的天堂。冷凝水还极大地促进了微生物的繁殖。把冰箱门打开，把黄油放进去，把门关上；再把门打开，把奶酪放进去，再把门关上。早餐后可能会重复此过程十二次或更多次。冷热空气不断相遇，无怪乎冰箱内部会出现积水，而在微生物看来这无异于一片汪洋大海。

　　姑且算是我个人的一个癖好吧，我们在家里一吃完饭会先归类，把需要放进冰箱冷藏的食物集合起来一次性放进去，冰箱门只需开合一次。

　　冰箱里最大的细菌热点是冰箱门上的橡胶密封圈。只要定期用普通的多用清洁剂进行清理就可以大大减少整个冰箱中的细菌数量。至于那些抗菌的秘密武器倒是完全没有必要。

　　还有一个小提示：温度越高，细菌王国的成员就生活得越舒适。所以，建议你特别注意不要把冰箱塞得太满，因为不但会影响制冷效果，还会严重地阻碍你减肥。

令人无所适从的砧板

　　多年以来，在德国有一项争议一直非常激烈，而且热度经年不衰：到底木头的还是塑料材质的砧板才是更好的选择？

我清楚地知道，这种争论还会持续多年，即便我在此以卫生学家的名义，完全有把握地断定，砧板的材质无关紧要。两种砧板各有优劣。木质砧板无法放进洗碗机进行清洁，而这正是塑料砧板的优势所在，放进洗碗机洗也不会坏。但木砧板又因为木材往往天然具有抗菌物质，可以限制细菌的生长，这又是木质砧板的长处。

两种砧板都不免会在使用过程中产生凹陷和划痕，即使有再高超的刀艺也在所难免。对于微生物来说，这些低地和峡谷正是它们的栖身之所。一旦安居于此，食物补给不成问题。但是与塑料砧板不同，木质砧板的这些瑕疵在清洗过程中会因吸水膨胀而有所恢复，所以木质砧板再得一分。

我确信仍然有各种理由支持或反对这两种变体。作为微生物学家，我不能给出明确的建议。但是请务必在准备肉类和蔬菜食品时不要混用砧板。还有一点尤为重要：每次使用砧板后，都应该用热水和清洁剂彻底清洁。

拿铁葡萄球菌——细菌如何落进我们的咖啡杯里

哦不，"外带咖啡"并不意味着我们最爱的饮料中应该充满微生物，以至于咖啡可以靠细菌自行移动。

但是，我的同事德尔克·博克穆勒（Dirk Bockmühl）在2017年进行的一项调查显示，被调查的几乎一半的商用咖啡机器和大约四分之一的私人咖啡机都高度沾染了多种细菌。其中，芽孢杆菌、假单胞菌和葡萄球菌最为常见。而后者可能会引起如肺炎和血液中毒这样的疾病。甚至有些染有甚为危险的绿脓杆菌，它是会导致心内膜炎的危险细菌。不过鉴于总体细菌数量较少，对健康人来说尚无大碍。

如果你不想拿健康冒险，就请做好咖啡机的定期清洁，包括水箱和废渣盒，尤其是做拿铁时用的牛奶管路。选择升高到将近 70℃ 的加热温度基本上是会有帮助的。

洗碗机的黑色秘密

时不时想起洗碗机的设计宗旨是件好事。它的设计宗旨是什么呢？是为了清洗餐具。而对杯盘碗碟进行消毒杀菌，并不属于它们的设计程序。

添加刺激的化学清洁剂尽管杀死了许多恶性细菌，但微生物学家发现洗碗机内部有一种外来的真菌越来越常见：皮炎外瓶霉[1]，也被称为"黑酵母"。这种病原体已被发现是皮肤疾病的诱因，还有可能会攻击人类的神经系统。

尤为令人担忧的是：根据医学专家的说法，这种病菌越来越多地损害着具有健康免疫系统的人。

这种酵母菌具有极强的抗性，甚至在碱性溶液中都能

---

[1] Exophiala dermatitidis：皮下黑色真菌，是一种生长缓慢的腐生菌，可能来自亚热带，存在于腐木、土壤、淡水中，也可以感染鱼类，偶尔感染人类或其他动物。可以造成皮下黑色真菌症之类的罕见病，表现为皮下发炎性囊肿。易感染经常接触泥土的人和免疫力低下的人群。——译者注

存活。许多用户在使用洗碗机时，选择在 20~40℃（而不是 70~75℃）的节能模式下运行，这对它们在洗碗机里继续生存是非常有利的。

大多数细菌和真菌都生活在洗碗机的橡胶密封圈上。 在最近的一项研究中，来自捷克和丹麦的科学家在 24 台洗碗机的密封胶条上发现了不同类型的 150 种细菌和 104 种真菌，其中包括许多恶性菌种。

顺便提一句，真菌和细菌彼此之间有着极其友好的关系。他们在一起的成长状况明显优于各自单独成长的状况。

我在前一小节提到，德国存在厨房里应该使用塑料砧板还是木质砧板的激烈争论。而在某些家庭中，提倡手洗碗碟和提倡用洗碗机洗的两派观点同样不可调和。

就职于杜塞尔多夫洗涤剂集团汉高公司的已故化学家赫伯特·辛纳（Herbert Sinner）[1] 在几十年前就已经在处理此类问题了。为此，辛纳创立了一个神奇的清洁公式，就是至今仍在使用的"辛纳之环"，阐述了清洁效果取决于清洗过程中的四个因素，即机械力、温度、化学剂和时间。如果弱化其中一个因素，那么作为补偿必须同时加强其他一个或几个因素，这样才可以得到与之前相同的效果。

---

[1]　Herbert Sinner：赫伯特·辛纳，表面活性剂化学家，前汉高公司洗涤剂应用技术负责人，于 1988 年去世。——译者注

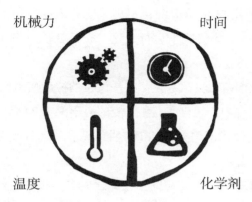

机械力　　时间

温度　　化学剂

"辛纳之环"——清洁过程的最终效果取决于四个因素，弱化其中任何一个因素就必须加强其他因素，以确保最终的效果。如果清洁时间较短，则必须加强机械结构、提高清洗温度或使用更多的化学清洁剂

　　与徒手洗碗相比，洗碗机显然具有三张王牌：时间、温度和化学剂。 因为我们既不能把手放在过热的或强碱性的水中，也没必要牺牲我们两个小时的宝贵时间来洗碗。

　　但是手洗有一个机洗无法企及的补偿因素：机械工艺。因为我们的双手可以更有针对性和通过更果决的方式擦洗碗碟和锅具，这是机器永远无法做到的。

　　微生物学家的意见是两种方法都很好。 家庭成员越多，洗碗机越能方便我们的生活，提升幸福感。2015 年发表的一项瑞典研究甚至表明，成长在没有洗碗机、纯靠手清洗餐具的家庭中的儿童，患过敏症的可能性较小。也许是因为碗碟没洗净，仍然残存着少量细菌？

饮用水——近乎无菌的优质产品

全球有近10亿人无法定期获得清洁的饮用水。每年约有350万人死于供水不足。这些数据表明，获得干净的饮用水的保障是一种特权。 在德国，我们享有这项特权，可以保护我们免受许多传染病的侵害。 自来水是我们这个国家质量控制得最好的食品。

根据商品测试基金会的评估，我们的自来水中所含的矿物质甚至比广受赞誉（且价格要昂贵得多）的矿泉水还要多。甚至瓶装水的细菌含量也比自来水更高。当然，我们的饮用水也不是无菌的。每毫升自来水中最多不能超过100个细菌，且不能含有致病菌。

通常，自来水厂为家庭提供的产品不仅价格相对低廉，而且符合高质量标准的产品。至于我们最终打开水龙头流出来的水的品质，可能又是另一回事，因为水管的状况对水质也有影响。

水管中生活着无数细菌。各种各样的细菌在潮湿的地下形成了难以控制的生物膜群落。

潜伏者——地下细菌

幸好我们没有用肉眼看到细菌的能力。 否则，我们可能会连水槽和马桶都分不清。

水槽在家庭中的细菌宜居榜位居第二名，仅次于厨洁海绵。每平方厘米大约有100 000个细菌在公寓里这个显眼的位置嬉闹。

原因很简单，最终成为厨余垃圾的，或早或晚都会落入水槽。但与马桶相比，它的清洁强度较低，并且所使用的清洁剂的腐蚀性也比洁厕剂弱得多。

　　水龙头一开就可以把有害微生物冲走的这一错觉，会导致我们放松警惕。实际上，很多细菌的确会被冲到地下，但它们集结在那里并在排水沟形成了厚厚的生物膜。它们会一直待在那儿吗？那倒不一定。

　　研究表明，这层生物膜从 U 形管缓缓朝筛网方向持续增长。水龙头拧开的时候，它们可能随水滴溅起又回到水槽。欢迎回来，亲爱的朋友们！

厨房卫生的十诫

1. 在处理生食时注意避免交叉感染

2. 做饭前后都要洗手

3. 所有厨具和清洁用具要彻底清洗，并定期更换

4. 冷链食品严格冷藏或冷冻

5. 将肉类加热到 70℃ 至少两分钟

6. 定期清洁洗碗机（包括垫圈！），并选择高温清洗模式，洗净的机器要敞开通风，打开时不要吸入雾气

7. 定期清洁冰箱（包括密封条！），不要过度填充食物，避免形成冷凝积水

8. 不需要使用专门的抗菌清洁剂

9. 定期清洁水槽，包括排水格栅

10. YOPI 人群（儿童、老人、孕妇、免疫力低下的人群）必须更加小心

禁区 —— 为什么卫生间对细菌毫无吸引力

说到底，厕所只是提供一个偶尔的座位，并且舒适度十分有限，尽管不少人尽力增加舒适感。

根据一项英国研究的调查结果，英国人平均每周在这块密闭之地花费大约 3 个小时。同一时间段，他们花费在健身房的时间大约是 90 分钟。我坚信，西方世界其他国家的情况也大抵如此。

上 3 个小时的厕所非常了不起。这个隐蔽的小空间必然有其特殊的吸引力。

"当男人想要静一静的时候，他们就去蹲马桶，而女人则会迈进浴缸泡个澡。为什么从来不会反过来呢？"《南德意志报》的编辑塔尼娅·海斯特（Tanja Rest）在 2017 年 7 月的一篇文章中抛出了她的疑问。

文章还恰当地描述了厕所如此吸引人的原因："在家庭内

部退避一步不但意味着可以把亲爱的小讨厌鬼细菌锁在门外，同时可以暂时不必看到亲爱的大型芽孢杆菌伴侣。"这给我们的题目提供了有意思的思路。

厕所里的战斗——化学大棒挥向细菌

我们大多数人都不惜气力地与厕所的细菌做斗争，家中没有其他任何角落会使用这么多的化学物质。厕所里混合使用的清洁剂，就像生物战调制的毒药鸡尾酒：以甲酸或盐酸为主要成分，用于去除水垢、尿碱并消灭微生物。

清洁剂里添加了增稠剂和表面活性剂，以确保清洁剂能长时间附着在马桶表面并以其丰富的泡沫消解掉污迹。而添加染料是为了通过视觉冲击强化用户对清洁产品有效果的印象。其中的香料成分淡化了化学剂强烈刺激的腐蚀性，并掩盖了厕所的异味。

这波反细菌进攻发挥了效用。尽管令人难以置信，但是家里微生物最少的地方就是厕所了。和厨房里的卫生"关键控制点"相比，马桶座圈的干净度堪比厨房里的银色托盘。

在美国的一项研究中，研究人员发现，参与调查的所有家庭的马桶座圈上，每平方厘米只有大约 100 个细菌；从微生物学家的角度来看，这是一个少得可怜的数值。为了方便大家理解，我们这样类比一下：在人的皮肤上，如腋下，每平方厘米大约有 100 万个细菌。

然而，如果离开家里而要使用厕所，仅仅是坐上某个陌生的马桶这个念头涌上脑海就会令人作呕。每个人对厕所固有的恶心感，可以保护我们免受潜在的感染。研究表明，作为担负着孕育新生命职责的女性，对陌生厕所的厌恶感要高于男性。

那么使我们感觉到恶心的究竟是什么物质呢？毕竟这里出现的都是 100% 的有机产品。

人类每次出恭会产生平均重量大约 100 克的粪便，其中细菌的含量惊人：每一克粪便含有 100 亿到 1000 亿个微生物。考虑到如此庞大的细菌含量，粪便绝对不利于身体健康。

令卫生学家尤其忧心的是细菌通过粪口途径的传播，如饮用水受到污染，这种情况通常会给人们直接造成灾难性的后果。人类对干净饮用水的依赖，从那些被地震或战争破坏了基础设施的国家中可见一斑。这样的地区通常只需要一两周就能暴发霍乱，造成染病者腹泻不止，病人每天最多失水约 20 升，正常情况下，只需要给患者输液就可以使他恢复健康。但如果没有及时输液，患者就有可能在数小时或几天内死于循环衰竭。此外还有许多其他胃肠道疾病的病原体会通过粪便传播，如大肠杆菌和诺沃克病毒。

如你所见，我们对粪便的厌恶是建立在事实基础上的，并且警示我们必须谨慎处理这一天然产品。

隐藏在难闻气味背后的科学

即使是粪便令人极度不适的难闻气味也会被我们的大脑感知为警告信号。可是为什么粪便会发臭？

排泄物的恶臭使人想起了我们结肠中艰难无比的生存环境。

因为那里的生存条件，与大约 40 亿年前地球上发现的原始细菌 LUCA 相差无几。

结肠这一段消化道中没有游离氧。这种状态被微生物学家称为"缺氧"环境。那里进行的物质代谢是发酵过程和无氧呼吸。例如，在分解蛋白质的时候会产生若干气味强烈的化学分解产物，如硫化氢[1]、吲哚和粪臭素[2]。因此，我们饮食中蛋白含量越高，如肉食，那么排泄物就会越臭。

我们可以通过研究婴儿的粪便来了解肉类食品对粪便气味的影响。婴儿断奶后食物会逐渐从流食转向固态，一旦开始添加肉类的食物，尿布中排泄物的气味就会发生巨大的变化。

在不熟悉的厕所里……

经常有人问我，如果离开了家又有无法遏制的便意而只能去上陌生的厕所，该怎么办？我的第一个建议：不要惊慌！不是开玩笑，在这种情况下，肠道会因为敏感而收缩。然后，你可能没有被令人讨厌的粪便细菌感染，却饱受胃痉挛或痔疮的折磨。

目前，现代化的公共场所可以提供无接触使用的便利。在对厕所的卫生条件有所怀疑却不得不使用时，我格外推荐使用者保持"滑雪式"姿势。与之相反，用厕纸包裹好马桶圈再坐

---

[1] 硫化氢：剧毒气体，在低浓度时有臭鸡蛋味，浓度极低时有硫磺味。——译者注

[2] 粪臭素：吲哚的一种，易挥发。这一类芳香化合物的特点是：低浓度时有香味而高浓度时有恶臭。——译者注

上去，其实没有什么意义。

因为在着手铺叠厕纸的时候细菌可能就会爬上你的手，而手上是我们更不愿意沾染到细菌的地方，它们可比臀部或者大腿离嘴巴要近得多。

此外，铺纸并不能真正阻挡危险的细菌，尤其是长时间放置纸张被弄湿时。而且这套程序还会给你以安全的假象，诱发你产生危险的想法："我已经包裹好马桶座圈了，那么我就不必洗手了……"

遗失的好习惯 —— 洗手

人们很难相信，但是通过"洗手"这样的简单措施可以非常有效地打破胃肠道感染的传播渠道，甚至有效阻止更危险的传染。如果手洗得干净彻底，现在流行的手部消毒都没有什么必要了。

如果每个人都认真洗手，那么门把手和水龙头将不会受到污染。而这正是症结所在。2017 年，海德堡大学的科学家在一项研究中发现，大约有 11% 的男性和 3% 的女性在上完厕所后不洗手。

更令人担忧的是：根据调查，有 18% 的女性和 49% 的男性在洗手时根本不使用洗手液。而彻底清洁双手尤为重要，除了要用洗手液，并且洗搓时不能漏掉手指之间的缝隙， 洗手全程至少需要 20~30 秒。

然而一旦诺沃克病毒污染了门把手，那么一切清洁和擦拭都是徒劳的。如果是有这层担心，那么你在用一次性擦手巾垫着水龙头关水或者垫着门把手关门的时候，完全不用觉得自己像个卫生洁癖患者。还有一种笨办法可以开门，就是用手肘压着门把手开门。当然，如果不赶时间，你也可以一直等到门被别人打开。

为什么说厕所是一个反生命的地方

本着对粪便等排泄物种种合理的恐惧，马桶是功能性设计的典范，消解了我们关于细菌的种种忧虑。水在马桶的光滑陶瓷表面迅速流下，水垢、污秽和粪便还来不及沉淀就被迅速冲走。如果还不放心，大可抄起马桶刷三下五除二地清除残留物。

通常，厕所并不是微生物友好的栖息地。微生物数量不高不仅是化学清洁剂的功劳，也是由马桶圈构造决定的，因为马桶圈光滑、速干的特性，细菌在上面几乎无法生存。

一来，与其他房间相比，厕所里面和马桶上的温度相对较低。自来水的温度通常为15℃。二来，厕所里的给养匮乏——谁会在厕所里吃东西？尽管据说还是有人把厨余的残汤剩饭倒进马桶。考虑到细菌的层面这倒不至于带来风险，因为食物残渣很快就被冲进下水道里。但是以这种方式来处理剩饭，可能会招来老鼠。

即使在我们通常用来冲洗马桶的自来水中，微生物也几乎找不到任何营养。粪便细菌群属于专性厌氧微生物。它们在无氧的大肠中茁壮成长，但是一旦进入空气环境中，它们就会迅速死亡。

短短几个小时内，马桶上的粪便细菌就会被来自皮肤细菌群系的细菌所取代，这种细菌更适应干燥和富含氧气的厕所环境。美国的分子生物学家最近以公共厕所为例，在一项研究中证明了这一点。

但是大肠杆菌是一个特例。这种抗性极强的细菌具有出色的生存能力，既可以通过有氧呼吸也可以通过无氧发酵来生存[1]。在大肠中，大肠杆菌只是一个随大流的陪跑员。而不幸就从它离开大肠开始。如果到达错误的地方，它就可能会使人类发生尿路感染、肺炎、血液中毒以及其他感染。

人们鉴于大肠杆菌可以在肠外长期生存的能力而赋予它一项特殊的荣誉：在饮用水分析中，大肠杆菌被用作粪便污染的指示菌来检验饮用水的质量标准。

马桶内壁——细菌猎人的盲区

可是对于细菌而言，即便在厕所这样的荒凉之地也有一个可以汇集的藏身之所。

这个关键点就是马桶内缘下面的区域，很难清洁，打扫时需要特别注意。因为水垢和尿碱很容易堆积在这里，所以表面变得非常粗糙，并且因为粗糙不平而增大了面积，使得微生物很容易在这里扎根。

例如，在腹泻的时候，粪便黏液很容易着落在马桶内壁，这为诸如沙门氏菌等有害细菌创造了一个潜在的筑巢地点，这些细菌可以在这里存活4个星期之久。目前网上流传着各种不明招数，声称可以清洁这个区域，其中包括可乐或用一些清洁

---

[1] 大肠杆菌属于兼氧厌氧菌，在有氧或无氧的环境中都能生存。——译者注

剂调成的糊状物。

这些可疑的方法充其量是展示网友们的创造性，用来做清洁并不合适。但也没有必要去寻找什么秘密武器，因为常规的多用清洁剂就完全可以胜任这项工作。

还有一个好消息：内缘壁下面聚集的主要是无害的水生细菌，而会引起疾病的粪便细菌在这里很少见。现代化的抽水马桶甚至可以没有边缘。但是在为我们的新房子挑选卫浴设备时，我的妻子坚持选择"老式"抽水马桶。她的理由是，这样至少看不见污垢，而且更好控制。

厕所微生物——指纹一般独一无二

在我之前的职业生涯中，在我还就职于杜塞尔多夫的消费品集团德国汉高的研发实验室期间，我和当时的同事们于 2010 年第一次使用分子生物学方法分析了马桶边缘内壁的生物膜。结果发现，在这个卫生死角形成的细菌群落，各自有各自的基因指纹。

当时的样品材料是由同事们提供的。他们从各自家里马桶的边缘刮下了一些尿液和石灰石混合物的碎屑。提交的材料泛着或黑色，或灰色，或橙色，或绿色的光泽。

研究结果令人大吃一惊，这里并没有令人反感的肠道细菌。更不可思议的是，厕所的微生物菌群和厕所的使用者一样独特，至少马桶内壁生物膜的细菌是这样。马桶本身的性能、水质以及清洁习惯，当然还有我们特有的人类微生物组，都给我们的马桶贴上了独一无二的印记。

腐烂的气息——空气中的厕所细菌

在一次接受报纸采访时，有人问我是否有可能在厕所里怀孕。答案很简单：有可能。但只会出现在在厕所发生性关系的情况下。

在厕所里染上性病的可能性也极小。因为性病的病原体通常非常敏感，以至于它们在离开人体后会立刻死亡或失去活性。艾滋病病毒也不例外。

但是厕所里潜伏着一种异乎寻常的风险，而且这种危险完全被低估了，那就是只要按下马桶的冲水键，就有可能会吸入诺沃克病毒之类的细菌。研究表明，冲水时会形成所谓的"生物气溶胶"[1]，带着细菌一起喷洒出去，尤其在马桶里的是稀便或者是呕吐物的时候更是如此。溅起的水雾可以散布到整个房间。在测试过程中，研究人员甚至在马桶附近的牙刷上发现了粪便细菌！

这些信息对于那些卫生礼貌的男士而言应该特别有用，他们规规矩矩地坐着小便以免弄脏地板，却因为冲马桶时没有关上盖子而将尿液喷撒到整个浴室。

---

[1] Bioaerosole：生物气溶胶。气溶胶，也叫气胶，是空气中悬浮的固态或液态颗粒的总称，粒径大小多在 0.01~10 微米，能在空气中滞留至少几个小时。气溶胶有自然或人造两种来源。常见的自然形成的气溶胶有云、雾、霭、灰尘、火山灰、温泉蒸汽等；常见的人造气溶胶有烟、霾、液体喷雾等，其中微粒中含有微生物或生物大分子等生物物质的称为生物气溶胶，含有微生物的叫微生物气溶胶。生物气溶胶主要来源于土壤、植被、水体等的排放，以及包括人类在内的动物、医院、养殖场、垃圾填埋场、污水处理厂等的排放。——译者注

我和我的厕所——精简指南

1. 确保坐便，避免飞溅！ 这不是女权主义的问题，而是卫生问题

2. 厕纸应放在伸手可得之处，方便取用，在保持双手清洁之余还避免脱臼

3. 如今的女孩们在幼儿园里就学过如何使用厕纸：要从前往后擦，以免肠内细菌进入尿道

4. 冲水时请务必盖上马桶盖，避免细菌飞沫扩散 [1]

5. 应该使用马桶刷进行最终清洁，最好使用可以清洁马桶边缘内壁的马桶刷进行清洁

6. 洗手要彻底，请花足够的时间用洗手液和水进行清洗

7. 请勤换擦手布，换下来的擦手布用全效洗衣粉进行 60℃煮洗。清洁抹布用同样方法单独清洗，不需要放消毒剂

8. 有必要分别使用不同的清洁抹布和海绵打扫不同区域。例如，按颜色区分，清洁马桶单独用一块，另一块用来清洁水槽、水龙头和开关

9. 最后，给和我一样整天昏头昏脑的人一个忠告：在上厕所之前将智能手机从后兜中取出，这绝对有益无害。 实际上，我的手机就掉进过马桶

---

[1]　鉴于德国等西方国家的卫生间没有地漏，为防止气溶胶漏入需要保持排水口湿润，把地漏灌好水并做好水封。——译者注

您永远不会自言自语
——手机和眼镜上的细菌

　　《时代》杂志可不是哗众取宠的庸俗刊物，所以刊登在2017年8月这一期的文章《你的手机比马桶座脏十倍》引起了轩然大波。

　　大约有5700万德国人使用智能手机。据统计，许多用户每天要摸他们的手机数十次。手机已成为日常用品。这是在警告我们经常把手机贴在耳边，就相当于把脸贴在细菌投掷区吗？

　　这篇报道是一个很好的例证，以细菌等为主题来营造灾难性的气氛是何等容易。这也佐证了人们对细菌及其传播，实际上所知甚少。就好像人们只要一联想到布满细菌的马桶座圈就会反胃，只不过，这个假想毫无疑问只是人们头脑中的幻象，并不是客观事实。

细菌？少到近乎不存在

马桶座圈被特意设计成这样，它对于细菌，就如同沙漠对那些快要渴死的人一般没有吸引力：光滑的表面既不方便细菌逗留，也无法提供养分；而且防水的材质几乎无法存留水分，干燥的环境不利于细菌生存。

诚然，还是会有一小部分细菌流浪至此，据我们家庭微生物学家估计，马桶座圈上的细菌浓度大约是每平方厘米100个的样子。这个数字在专家看来，细菌数量几乎可以忽略不计。

即便将这个数字乘以10，都不足以让人皱起眉头：每平方厘米约有1000个细菌，远远低于我们腋下的细菌数量[1]。

为了确切地了解手机屏幕上的细菌状况，我们在富特旺根应用科技大学（HFU）展开了进一步的研究。我们从学生和教职员工向我们提供的总共60部智能手机中获取了所谓的接触样本，在此过程中，我们把手机表面盖在凸起的培养皿上。研究结果令人大跌眼镜。

手机辐射可以杀菌吗？

结果是，我们在每平方厘米的手机表面上只能找到平均1.37个细菌！基于我们的认识，细菌总是彼此寻觅、结伴而

---

[1]　前文列举过：一个人腋下每平方厘米大约有100万个细菌。——译者注

行，对手机上孤零零的细菌我们心底不禁要生出一股同情。更妙的是：用含有酒精的拭镜布擦拭后，微生物数量还会锐减为原先的 1%。

在医院环境中进行的另一项类似研究显示，老式手机上的细菌几乎是现代智能手机的 10 倍之多。原因很明显：与智能手机的镜面光滑表面相比，凸起的按键更便于细菌着床。这对于所有长期以来一直想把老式手机换成智能手机的人来说，又多了一个理由。

2017 年 12 月，意大利的同事印证了我们的研究结果。他们检测了 100 部手机，发现手机表面每平方厘米的细菌平均数量在 0.4 个到 1.21 个之间。手机显示屏光滑、干燥，尽管经常被握在手里，但也经常被擦拭；在这里细菌繁殖的机会很小。

此外，他们进一步地研究显示，手机发出的辐射也可能会影响手机表面的细菌密度。

所谓的移动电话吸收辐射率，即 SAR 值 [1]，就是一部手机的终端电磁辐射的衡量标准。该值显示在拨打电话时，人的头部对产生的电磁场的吸收程度。SAR 值越高，终端辐射的热效应就越高，意味着手机机身和打电话者的头部吸收的电磁辐射量就越高。不同品牌型号的手机 SAR 值也有明显差异。

目前尚不清楚这种辐射是否会影响手机用户的健康状况。

---

[1] SAR-Wert（Spezifsche Absorptionsrate）：SAR 值，也叫比吸收率，指单位时间内单位质量的物质吸收的电磁辐射能量。以手机辐射为例，SAR 值指的是辐射被头部的软组织吸收的电磁波的量，单位是瓦特 / 千克。SAR 值越低，辐射被脑部吸收的量越少，反之越高。——译者注

因此，只有 SAR 值不超过 0.6 瓦特 / 千克的手机才能获得 " 蓝天使 "[1] 环保认证的标签。但是显然有一个理由支持 SAR 值高的手机：意大利科学家的研究表明，在那些辐射较高的手机表面上，细菌的数量明显更少。

解密手机菌群

另外，这项测试的结果也可以看作手机辐射有害健康的间接证据：既然我们无孔不入的顽强室友在此缴械投降，可以想见这种辐射能对我们产生什么影响？

在我们的研究中，可以检测到 10 个不同种属和 10 个不同种类的细菌，主要是典型的皮肤细菌和黏膜细菌（葡萄球菌和链球菌），但也有粪便细菌（大肠杆菌）。由此我们可以推测出智能手机菌群的主要来源是以下几种：

— 皮肤（通过接触手部和脸部皮肤）；

— 黏膜（通话时）；

— 粪便（没有洗手）；

— 外界环境（空气和地面的灰尘）。

我们发现的 10 个物种细菌中有 5 个可能是有潜在危险的菌种。但是因为总体浓度非常低，因此几乎不能构成什么危害。

在私人空间和家庭区域范围内，智能手机及其微生物对我

---

[1] Blue Angel：德国环保认证制度，是世界范围内最早的环保认证，以麦穗环绕的蓝色小人为标志，被称为 "蓝天使" 认证。——译者注

们不足以形成健康风险。 但是在医院环境中，情况可能会不
一样。

医院病菌——主治医师免费附赠

2006 年，英国医学协会（BMA）在一项研究中得出结论，
主治医师的真丝领带具有很大的感染风险。因为医生都喜欢用
手摩挲或拉扯领带，却很少清洗。

在现代化的医院里，手机已经取代了领带而成为最常被
触碰的物品，也是最有可能携带危险细菌的物品。伦敦帝国
理工学院的传染病学家报告说，医生已经开始使用智能手机
来给病人测量脉搏。同时，他们也存在把多重耐药菌传染给
病人的危险。

尽管如此，智能手机还是会在医疗诊断中发挥重要作用。
在现代分子生物学研究领域的一份报告中，美国科学家揭示了
智能手机的微生物组与手机所有者手指上的微生物组之间高度
一致的对应关系。这一研究发现使报告作者颇有诗意地陈述了
观点："无论你走到哪里，你的微生物组都对你不离不弃、如
影随形。"

以测试细菌代替化验大便？

由此可以想见，也许哪一天，手机可以用作微生物组传感器。

也许可以有针对性地通过病人手机上的"微生物成像"来判断他的健康状况，甚至提供可能感染的病理信息。

虽然不能完全排除，但至少在一些情况下可以避免一些令人不适的检查项目，如血常规或粪便常规化验。当然细菌检查还只是一种设想。但是这也表明，家居卫生和临床卫生是科学界一再忽略的重要领域，这是不可原谅的过失。这点同样适用于我在研究过程中偶然发现的另一个日常物品。

在我们进行的第一个手机细菌研究中，我请学生们带一些擦眼镜的拭镜布，以便测试清洁后的效果。不知道出于什么原因，学生们一致选择了蔡司公司的拭镜布。学生们的选择让我直至今天仍然心存感激。这使我们不久之后就开展了与这家传统企业在眼镜细菌污染方面卓有成效的合作。

关于眼镜的细菌污染方面的研究基本上是一片空白。但是初步的研究表明，眼镜的菌群特别是在临床领域，很可能会带来一些问题，如在手术过程中。想象一下，手术前要求对手术一应器具和医护人员的手术服都进行无菌消毒，但是却忽略了架在鼻梁上的眼镜。正如我们将要看到的那样，结果令人非常不安。

偷渡者

在富特旺根应用科技大学的研究表明，眼镜上平均每平方厘米约有 9600 个细菌。这个数量是马桶座圈或者手机屏幕上细菌浓度的好几倍。

在一副眼镜的鼻托上，我们甚至测量到每平方厘米66万个细菌的峰值。特别是葡萄球菌非常常见。请问谁能想象到，在医生给自己进行手术的时候，有一件物品携带着大量多重耐药菌偷渡到了这样的无菌环境中？场面太过惊悚。

但是目前还没有办法对普通的眼镜进行消毒。尽管可以通过佩戴防护面具或者护目镜来补救，但是都无法达到最佳的视野。

你仍然完全不清楚你自己的眼镜是否已经（如果有的话）存在微生物的危险，并且还知道完全无菌是无法实现的。但是在德国有超过4000万的眼镜佩戴者，难道现在还不应该对这个尚未开发的领域有更多了解吗？

我们在富特旺根应用科技大学进行了尝试。研究期间，我们调查了大家对眼镜的看法，即更倾向于把它看作病原体的阻碍物还是隐藏者。它有可能引发慢性或急性的眼部感染，甚至是流行性疾病，如流感。这都是可以想象的。

当然，这同样也可能传播耐药性病菌。例如，高抗性的葡萄球菌很喜欢生活在鼻子的区域，当人们想摆脱它们的时候，它们可能会临时在眼镜上栖身。如果还发现了其他迄今尚未发现的传播途径，我不会感到吃惊。

我得说，街上还有不少诺贝尔奖等着人去捡。

手机使用卫生

1. 智能手机屏幕上的细菌负荷通常很低

2. 家庭环境中没有必要采取专门的抗菌保护措施（贴抗菌保护膜或类似物）

3. 手干净＝智能手机干净

4. 用含有酒精的拭镜布擦拭手机屏可以将本来就不多的细菌数量降低到 1%，但长远来看可能会损伤屏幕

5. 不要听信手机上的细菌会导致青春痘。面部的细菌数量是手机上的数倍之多

6. 做饭或在厨房使用手机可能会导致手机屏幕受到交叉感染。补救措施：开启语音模式

Ⅲ

它们就在我们当中

天哪！为什么细菌也会去教堂

　　我之前开始在汉高研发部门工作的时候有这样一个小插曲，可以说这份工作始于一个误会。在人员评选中心参加完选拔之后，我后来的老板走过来告诉我："你说话时有牧师一般的音调。"这虽然不算是一个缺点，但也不值得继续发扬。

　　这个标签对我没有产生什么影响，因为我可以想象如果不入这一行而去修习神学也不是不能接受。我和我的妻子都是虔诚的天主教徒，也以这种信念成功地培养了我们的孩子。一次度假期间，我发现我们的孩子也完全接受了这一信仰：度假屋的花园里有一个供鸟儿栖息的饮水池，孩子们每次经过这个饮水池，都会像途经教堂的圣水池一样点圣水、画十字。

　　要将宗教与科学互不冲突地统一在一个人身上并不总是那么容易。作为定期去教堂做礼拜的信徒，我步入教堂时自然会蘸点门边圣水池里的圣水画十字，即便是在受祝福的圣水看起来不是那么有吸引力的夏天。不过作为一名微生物学家，我心里一直有种冲动想去化验一下。

我的妻子起初对这个想法不太感兴趣。她可能担心我们在家庭社区中的良好声誉受损。

圣水中的葡萄球菌

于是我正式地询问了牧师，是否可以对我们教堂的圣水进行微生物检查，对方积极地回应令我喜出望外，那么离成功就只有一步之遥了。

2015 年初夏，我和两名学生一起检查了菲林根-施文宁根[1]市内的三个教堂和周边村庄的两个乡村教堂里圣水的细菌污染状况。果不其然，我们发现了致病菌，而且含量还不低：每毫升水含菌量最高达到 21 000 个！

我们一共采集到 54 份圣水样本，当中发现了许多皮肤细菌和水生细菌，尤其是葡萄球菌，它以容易引起皮肤和软组织感染而出名，会造成溃疡和脓肿；有些样本中还发现了粪便细菌。我们一共发现了 20 种不同类型的细菌，其中一半是具有潜在致病性的。

这是德国第一次进行类似的研究。在此之前，也许其他科学家受到的阻力太大了。显而易见，与这个课题休戚相关的德国人不在少数：德国大约有 2400 万天主教徒。他们中至少十分之一的人（将近 250 万人）定期参加教堂礼拜。

---

[1] Villingen-Schwenningen：菲林根-施文宁根，德国西南巴登符腾堡州的城市。——译者注

当心疗养温泉

早在几年前，奥地利微生物学家就先于我们调查了奥地利境内阿尔卑斯山脉的疗养温泉，以及教堂和医院礼拜堂的圣水。

结果只有 14% 的水源符合《奥地利饮用水条例》的标准，他们检测到每毫升水的细菌数量多达 170 000 个，并且多见粪便细菌，硝酸盐含量也明显偏高。

圣水池的情形更加严峻：研究人员发现每毫升圣水细菌含量多达 6700 万个。别忘了，德国（和奥地利）饮用水标准是每毫升不超过 100 个细菌。圣水里还发现了粪便细菌，其中肠球菌[1]尤为常见，它会在免疫系统较弱的人群中引起尿路感染、血液中毒或心肌炎。

主要的污染源是信徒的手指。而关于圣水还有另一个问题，无论是在奥地利还是德国都是一样的情形：圣水的祝圣仪式每年只有几次，祝圣后圣水就一直放在容器里封存。结果就像奥地利同行们和我们在富特旺根应用科技大学发现的那样，一并封存在内的水生细菌会继续生长。

在另一个方面，两项研究也显示出一些共同点。两个研究小组不约而同地发现，教区最大、到访信徒最多的教堂，圣水的细菌污染最严重；反之，教会越小，圣水细菌的浓度也越小。在周边城市的两个小教堂里，我们确定了每毫升圣水细菌的浓

---

[1] Enterokokken：肠球菌，革兰阳性球菌，往往以成对或短链形式存在，故形态上与链球菌很难区分。肠球菌能够生成抗体，不易被抗生素消灭，抗性非常强而且容易散播抗药性，近年来已成为临床感染的重要致病菌之一。——译者注

度不超过 100 个——达到了饮用水的质量标准。

圣水——会有危险吗？

在我们进行调查研究前，施文宁根教区的牧师要求我承诺，事后不会向《图片报》[1]透露实验结果。我很乐意遵从这一意愿。令牧师事务处意料不到的是，富特旺根应用科技大学的新闻发布引起了媒体的争相报道。更火上浇油的是新闻发布期间，施文宁根地区正被病菌笼罩着。

当地的自来水被粪便细菌污染了，市政部门正在奋力解决污染问题，甚至开始向居民们提供瓶装饮用水。自来水是德国质量控制做得最好的食品，因此由建筑工程引起的污染幸而很快被发现。干净的自来水对我们来说原本是理所当然的事情，却令当时的施文宁根人无比怀念。那段时间，施文宁根的人们经历了打开水龙头流出的水却不能喝的痛苦。

一天早上，我太太非常认真地告诉我："牧师事务处打电话过来了，因为圣水里有细菌的问题。可能是因为一篇报纸报道，现在事务处的电话一直响个不停。他们非常激动……"

薄弱的免疫系统会受到病原性细菌侵袭，从而危及健康和生命。微生物学家关于致病的这条咒语一般的警告引起了不知情者的怀疑：真有那么糟糕吗？这危险难道不是危言耸听之后的一语成谶？况且一旦涉及疗养温泉和圣水，有关含有细菌的

---

[1] Bild：《图片报》，德国发行量第一的通俗报纸，风格类似英国的《太阳报》。——译者注

论断就更显得荒诞。但是，发表在医学专业出版物上的两个感染案例表明了这个问题有多严重。

在英国伯明翰，一名 19 岁的男孩从一幢公寓大楼的 10 层跳下后被送往当地的意外事故医院。身负重伤的年轻人奇迹般地幸存下来，并且在入院初期恢复良好。但是六周之后情况急转直下，伤口突然被绿脓杆菌感染。绿脓杆菌是一种能引起多种感染的医院细菌，导致病人的状况急剧恶化。

由于伤者住的是单人病房，起初医生未能找到感染源，感到十分困惑。直到一位主治医师碰巧见到来探望病人的姨妈正在给他的伤口上洒圣水。殊不知，这份善心却差点杀死了那个孩子：把姨妈带来的圣水送去化验后，果然发现里面含有绿脓杆菌。

在利物浦附近的普瑞斯科特 [1] 小镇发生过类似的事件，一名大面积烧伤病人的伤口被不动杆菌 [2] 感染，情况十分危险。感染过程也一样不可思议：同样是探望者给烧伤的病人以洒圣水的方式祈福，而伤口就此受到感染，因为组织被严重破坏而难以愈合。

这项研究告诉我们什么？圣水仅限外用，既不能饮用，也不能碰到伤口。因此希望完全避免在医院教堂中使用它。祝圣仪式要给圣水撒盐主要是将其用作防腐剂，防止细菌滋生。储存圣水

---

[1]　Prescot：普瑞斯科特，英国城镇。——译者注

[2]　Acinetobacter：不动杆菌，属于革兰阴性杆菌。广泛分布于外界环境中，主要在水体和土壤中，也是水产养殖业的病原菌。是医院感染中常见的一种，尤其是重症监护室，其中鲍氏不动杆菌（Acinetobacter baumannii，俗称"AB菌"）已经成为医院感染的主要来源，并且由于抗生素滥用而导致该菌产生抗药性，变成多重抗药性不动杆菌。文中说组织被破坏是伤口继发不动杆菌感染后的蜂窝织炎的表现。——译者注

使用的铜器也是出于同样的意图。原则上，所有圣水盛器都应定期清洗。

信仰会传染吗？

我承认，我现在将手指浸入圣水池以及让自己在教堂被施圣水时，仍然不加顾忌。

在教堂入口处点圣水、画十字，是从我接受洗礼以来就深深烙进记忆的一贯仪式。当然，人们可以怀疑这种仪式的意义，但是其背后的思想必然是关乎人类起源的，抑或不是。

实际上，对这一点，2014 年俄罗斯科学家们在英语网络杂志《直接生物》[1]上发表了一篇文章，表述了他们的怀疑态度。论文作者的观点初看似乎有点离奇：他们认为，有可能是微生物让我们去举办宗教仪式，以便它们可以在人群中更轻易地进行传播和感染，从中获得进化优势。

理论上就这么多。所以宗教也许只是一种传染病吗，还是这篇论文胡说八道？ 让我们放眼动物界，来见识一下寄生虫的神通广大：华支睾吸虫，即"肝吸虫"的幼虫，能够进入山蚁[2]的大脑并控制山蚁的行为。更令人毛骨悚然的是：这些寄生虫甚至驱使山蚁自杀。

---

[1] Biology Direct：是 BioMed Central 出版的一份在线的开放性科学期刊，专门刊登生物学的研究论文、回顾笔记、假设、评论和发现。——译者注

[2] Waldameisen：即 Formica，山蚁，也叫"森林蚁"。是蚂蚁的一个属，常见的是红褐山蚁。——译者注

为了换到较大的宿主动物（如牛或羊）身上，它们会驱使山蚁在夜间爬上牛羊要吃的草秸上，待牛羊把草秸卷入口中咀嚼咽下之后，山蚁就此丧命，但小肝吸虫还生龙活虎，并且会在新宿主体内产卵并孵化出幼虫，幼虫发育好了会在宿主消化排泄时被粪便带出体外。这听起来有些令人作呕，但这种极其成功的生存策略让人不得不脱帽致敬。

但是果真如此吗，有控制力的细菌在操控着我们的行为？病原体可以直接在大脑中造成破坏性的损害是众所周知的。例如，在狂犬病的急性期，人们被狂暴的愤怒所控制。不久前，科学家们开始注意到一种完全不同的通信方式，即微生物可以与我们的大脑建立正常的通信。

通信的媒介就是所谓的肠道—微生物组—脑轴。我们的肠道微生物组，具体来说就是居住在我们消化器官中的大量微生物，现在被认为是我们人体极为敏感的第二大脑。微生物学家认为，当肠道内的微生物菌群失调时，它们完全有可能会以分子或激素的形式向大脑发送警报信号。

一些研究人员推测，诸如抑郁症或自闭症之类的疾病可能是一种严重受干扰的肠道微生物组的表达。科学家当然看到了这项研究的潜力。如果我们了解肠道微生物组的工作原理，也许可以治愈许多疾病。但同时还有一个令人不安的问题：肠道中的微生物还会发出超出我们意识行为的大脑指令吗？

如果你肯花一点时间仔细回忆，想想微生物可能会为了自身的进化优势唆使我们去做的可能危害我们身体健康的事。你会发现：由于宗教仪式而可能汇集的感染多得令人吃惊，并且看起来微生物似乎很善待天主教徒。在我们进行圣水研究时，我突然有了一个主意，就是为圣水开发一种抗菌添加剂，这种添加剂既可以有效地杀死细菌，同时又符合天主教的仪式。也许是基于以乳香香熏[1]为基础的东西？甚至可以开发出商务模式和产业链。但考虑到过多地提高卫生水平可能导致这种宗教信仰的终结，我个人不得不放弃这种商业想法。

甚至圣水池也成为许多微生物的庇护所。圣水中的微生物来自水和来教堂做礼拜的信徒

[1]　Weihrauch：树脂类熏香，是一种由乳香属植物产出的含有挥发油的香味树脂，传统上作为宗教、祭祀用的焚烧香。——译者注

自然抵抗力 ——
当微生物具有了耐药性

　　美国新墨西哥州的龙舌兰洞穴[1]是世界上最壮观的钟乳石洞穴之一。它全长超过 200 公里，由于错综曲折的洞穴被致密的沉积岩层封闭，因此几乎没有水可以渗透进去，堪称微生物学家的天堂，因为它保留着新墨西哥州地下的古老细菌菌株。

　　通往地下通道系统的入口通常被铁栅栏封住，只偶尔才破例打开，让研究人员通过。其中一位幸运者是加拿大生物化学家格里·赖特（Gerry Wright）[2]。他从岩石上刮下了 93 个微生物样本并将其带回家。

　　赖特在他位于加拿大安大略省汉密尔顿的实验室中，毫不

---

[1]　Lechuguilla-Höhle：龙舌兰洞，也叫"列楚基耶洞"，位于美国新墨西哥州东南的卡尔斯巴德洞窟国家公园。——译者注

[2]　Gerry Wright：格里·赖特，麦克马斯特大学生物化学与生物医学系教授和加拿大抗生素生物化学研究主席。——译者注

客气地用 26 种最常见的抗生素"招待"了带回来的大约 400 万年前的微生物样本。结果他的发现令人震惊：几乎所有的细菌菌株对至少一种，甚至对多种抗生素都具有抗性。此外，其中三个菌株还对 14 种活性物质具有抗性。

尤其令人发指的是：一些古老的微生物甚至设法找到了一种相对较新的抗生素的弱点。赖特通过这个实验证明了，细菌很久以前就能有效地对抗抗生素。

等等，好像有什么不对劲。400 万年前，那时候还没有抗生素!

至少还没有化学生产的抗生素，只有一些纯天然的含有抗生素活性成分的物质，而且有人推测它们是微生物自己发明的，微生物自古以来就用抗生素这个武器来消灭他们的对手——其他单细胞生物。但是竞争对手也没有坐以待毙，而是反过来发展出对抗天然抗生素的抗药性。

耐药菌造成数以千计的人死亡

因此，微生物对抗生素的耐药性是自然形成的，而不是新时期出现的现象。对人类而言，这是一个不幸的消息，它让我们看到我们和病原菌之间的竞争，居然像寓言故事里和刺猬赛跑的兔子 [1] 一样，自以为是地跑入了死局，无论如何追赶，最

---

[1] 格林童话中的一则故事，大意是兔子嘲笑刺猬的短腿，刺猬愤而提出要与兔子赛跑。比赛时两只长得一样的刺猬分别站在起点和终点，兔子无论是从起点跑到终点，还是从终点跑到起点，总会看到一只刺猬已经先于自己站在那里了。刺猬轻松躺赢，不服气的兔子往返多次不断重复比赛，直至累死。——译者注

终获胜的希望却十分渺茫。

我们所处的时代，已经被世界卫生组织（WHO）视为"迈向后抗生素的时代"。在不久的将来石油资源枯竭后我们需要寻找替代品，同样，我们也迫切地需要寻找抗生素的替代品。据罗伯特·科赫研究所（Robert Koch Institute）[1] 称，德国每年有 1000~4000 人死于多重耐药病原体的感染。这个数字在欧洲范围内是 25 000 人，而美国每年都规律性地有大约 23 000 人成为这些所谓的超级细菌的受害者。

2018 年 3 月，一个英国人在东南亚逗留期间因性行为感染淋菌性尿道炎的消息登上了头条。淋菌性尿道炎俗称"淋病"，感染后通常可以通过抗生素得到很好的控制。但普通抗生素的治疗没有起到效果。最终，使用了最高等级的三线抗生素 [2] 才使感染者摆脱痛苦。而三线抗生素是只有在最紧急情况下才会使用的一种最高级别的抗生素。欧洲流行病保护局（ECDC）警告说，这会危及未来对这一类型性病的治疗。

然而，即使没有危险的性行为，仍然会有可能成为具有多重耐药性细菌的攻击目标。例如，人们有可能因为被蜜蜂蜇了之类的小事而进入医院的急诊室，然后被超级细菌感染。这样

[1] Robert Koch Institute：罗伯特·科赫研究所，成立于 1891 年，是世界上最古老的生物医学研究机构之一，是德国重要的联邦公共卫生研究所，拥有等级 1~4 的生物安全性实验室，约有 1200 名研究人员，研究所注重对广谱病原与非传染性疾病的研究。——译者注

[2] Reserveantibiotikum：德语称为"储备抗生素"，对应中国对抗生素所分一、二、三线的最高级别即三线抗生素。一般抗生素的用药顺序是先一线，再二线，三线药平时不用，在一、二线药物无效时才使用。——译者注

戏剧化的情形在当地医院很长一段时间内都是无法想象的。

谁怕抗生素老虎？

三线抗生素在英语中被意味深长地称为"最后的治疗手段"，顾名思义就是人类最后的撒手锏。看似夸张的措辞实际上最恰当不过，因为一旦突破这道防线，我们能做的充其量就只有祈祷了。即使三线抗生素起作用了，患者的状况一时之间也不容乐观：这种紧急抗生素通常没有常规抗生素见效快，这就是它疗程很长的原因。另外，与普通抗生素相比，人体对这些药物的耐受性差得多，并且总是伴随着严重的不良反应。

然而，真正的危险我们显然还没有意识到。我经常在我的课堂上询问大家对传染病有多恐惧，大部分人都只是挥了一下手。这个问题总是笼罩着一种令人不解的一无所知和不以为意。这也可以从细节中看出来。例如，在一个试验记录中，有一名学生通篇坚持把"抗生素"写成"抗生素老虎"。悲哀的是，这并不是他故意开的玩笑。

如今包括抗生素在内的抗菌药已经自然而然地成为我们生活的一部分，并且屡屡会有后果严重的滥用现象。即使是病毒感染的患者也强迫他们的家庭医生给他们开抗生素。抗生素只能杀菌，药不对症则完全无效。

要想象一个没有抗生素的世界，不需要追溯到中世纪。

仅仅一百多年前，第一次世界大战期间，战场上所有参战国家的无数士兵像蝇虫蝼蚁一般丢了性命，尸横遍野。新型的炮弹撕开他们年轻的皮肉，伤口往往还沾染着战壕里的污泥。由于那时候还没有抗菌药，最终因伤口发炎而死于坏疽[1]的人不计其数。

最广为人知的抗生素肯定是青霉素，它直到20世纪40年代才开始为人类服务。1945年，英国的亚历山大·弗莱明（Alexander Fleming）、霍华德·弗洛里（Howard Florey）和恩斯特·钱恩·（Ernst Chain）为此获得了诺贝尔生理学或医学奖。依我看，这是有史以来最当之无愧的奖项之一。

青霉素抑制了能控制细菌细胞壁形成的关键酶，致使仍在成长期的新细菌的细胞壁变软。当水流进细胞，这个单细胞生物的细胞壁无法承受就会破裂并死亡。相当精彩的运作机制。这种酶针对的细胞结构仅存在于细菌中，而人类和动物没有这种细胞，因此青霉素能选择性地只杀死细菌。

微生物魔鬼一般的法力

目前已知的抗生素活性成分大约有8000种，其中的大多数都出于种种原因不适合批量生产：有些因为价格太昂贵不适合临床使用；有些因为技术过于复杂难以投入生产；有些成分对人体有毒；有些保质期又太短，或者用于人体后失效速度太快。

---

[1] Wundbrand：坏疽，是因感染、血栓等原因，缺乏血液循环而造成的身体组织腐烂和坏死的症状。战场上主要是气性坏疽，也是火器伤中最为严重、发展最快的并发症之一，如不及时诊治，可丧失肢体或危及生命。——译者注

最终，目前可供药用的抗生素大约只有 100 种，每种都能够通过微小的分子变化使凶猛的侵袭性细菌细胞崩溃。

抗生素既有所谓的广谱抗生素，能抵抗许多不同的细菌，也有专门针对某一种或一类细菌的窄谱抗生素。可惜的是，抗生素无法分辨"有益菌"和"有害菌"。是好还是坏要具体情况具体分析，例如，大肠菌在肠道中就是有用菌，把它的肠道工作干得很不错；然而，一旦它脱离岗位进入尿道就会引起非常棘手又令人不适的感染。

就像前文中提到的，细菌天然具有保护自身免受抗生素攻击并具有抗性的能力。耐药性意味着患者为了治愈疾病所用的药物不再对它们造成伤害。

为了保命，微生物简直有着魔鬼般的力量，它们无所不用其极，尤其是当人们认为单细胞生物不过是一些细胞质基质加上一点 DNA 的时候。青霉素最出色的性能是使细菌控制筑建其细胞壁的相关酶失效，但是一些细菌为了应对这一破坏性的程序，直接形成了一种新的酶，这种酶能避免与青霉素对接。这样，大名鼎鼎的青霉素就不再起作用，而超级病菌"耐甲氧西林金黄色葡萄球菌"（MRSA）[1] 就此诞生。

其他细菌要么能够通过降解酶破坏抗生素，要么像结茧一样把自己包裹起来以避免接触到药物。细菌最有创意的方法之

---

[1] MRSA (Methicillin-resistenter Staphylococcus aureus)：耐甲氧西林金黄色葡萄球菌，或者金黄色葡萄球菌，是金黄色葡萄球菌的一个独特菌株，对几乎所有青霉素类抗生素具有抗药性，包括甲氧西林（Methicillin）及其他头孢菌素酶的青霉素。MRSA 于 1961 年首先在英国被发现，传播能力极强，被称为"超级细菌"。——译者注

一是所谓的膜转运蛋白，细胞可利用它跨膜运输，将渗透进来的抗生素物质飞快地从自己体内泵出。

所有这些惊人的能力，都是包括细菌、真菌和病毒在内的所有微生物为了抵御攻击而发展出来的。但是，人们为促进微生物发展出抗生素耐药性也助了一臂之力。例如，打开抗生素的包装，却不按疗程把药吃完，最后还剩的几粒药片就可以帮助细菌菌株增强耐药性。[1]

根据临床研究，药物的剂量应与感染的程度匹配，使它们有把握得到控制。但这仅在病人遵医嘱按时按量服用时才能达到效果，因为这是确保抗生素在足够长的时间内在体内感染部位达到所需浓度的唯一方法，这样才能消除所有有害细菌。当病人开始服用抗生素时，有害菌们通常迅速撤退，而感染病灶的毒素浓度变低。有了抗生素的声援，人体抵抗力也随之增强，于是身体向大脑发出了"秩序恢复，一切正常"的信号。大脑认为"没有必要再继续吃药了吧？"最终下达命令："剩下的药片扔到垃圾桶去！"——这个想法有毒。

而在第一场幸存下来的抗药性细菌，却杀了一个回马枪，更加猛烈地展开反击。它们可以肆无忌惮地开枝散叶，因为它们以前的竞争对手都被抗生素一扫而光。讽刺的是，如果我们在感染完全消退前一直感到疼痛，反而对我们的健康更有意义——在这种情况下我们肯定会坚持完成抗生素的疗程。

---

[1] 因为是处方药，德国医生在开抗生素时按粒数开方，医生会按病情疗程需要开药，不同的剂量对应不同的包装。所以打开包装后需要一粒不剩全部吃完，疗程才能结束。——译者注

非得做到 99.9% 的无菌吗?

这件事使我了解到，在对待微生物方面，真正切实可行的方案可能在一定程度上并不符合我们处理日常事务的逻辑。长期以来，在卫生领域我们的导向是有问题的，对此科学家们是有责任的，当然也包括我。曾几何时，我们一直不遗余力地告诉人们，仔细检查家里的边边角角，要彻底消灭家里的所有细菌，一只也不要放过。到如今，几乎每个家庭都有一瓶价格并不低廉的所谓的超级清洁剂，据说能够杀死 99.9% 的细菌。但越来越清楚地呈现给我们的事实是，保持我们的房屋像医院一样无菌是没有用的。

据我所知，没有一项研究能毫无疑问地证明在家中使用特殊消毒剂可以为健康人带来好处。而另一方面，越来越多的证据表明，不慎用消毒剂或专门配备的清洁剂甚至对潜在的危险细菌有益。甚至有迹象显示，错误剂量的消毒剂可以促生微生物对抗生素的耐药性。

实际上，消毒剂并非为了制造无菌环境或专门杀死细菌。消毒剂的首要任务是中断传染病传播的风险。与抗生素不同，这些药物不会攻击特定目标。它们破坏了——科学家更喜欢使用术语"变性的"[1]——破坏了微生物性命攸关的结构和生物分子——蛋白质或细胞膜脂肪。

在医院，消毒剂作为抵御危险病原体的第一道防线发挥着重要作用。如果能以正确的浓度使用消毒剂，并且保证足够的

---

[1]　denaturieren: 变性的，改变了自然性状的。——译者注

时长连续使用，它们连抗药性细菌都可以有效地杀死。已知的化学消毒剂包括酒精、臭氧、氯、过氧化氢、碘、洗必泰（双氯双胍已烷），也包括铜和银。那么，如果使用的剂量不当会怎么样呢？

消毒剂如何促进微生物的抗药性

一个危险的坏习惯是用自来水稀释消毒剂，或出于经济原因，仅将少量消毒剂喷到被细菌污染的表面上。各种研究都互相印证，如果不能全力以赴地攻击微生物，那么漫不经心地进攻反而会使微生物尤其是抗药性的微生物从中受益。与使用抗生素一样，它会消灭那些抵御恶性细菌入侵的防御型微生物，恶性细菌不但会幸免于难，还能抢占原属于其他细菌的地盘，好不惬意。

更加令人担忧的是，化学药品甚至可能促进微生物发展出对抗生素的耐药性。绿脓杆菌被认为是一种特别令人厌恶的病原体，潜伏在如洗手盆、浴室和厕所这样的潮湿环境中，伺机感染抵抗力弱的人群，甚至引发致命性感染，如肺炎。

在爱尔兰的一间实验室里，研究人员用苯扎氯铵处理了问题细菌的样本。苯扎氯铵是一种广泛使用的防腐剂和消毒剂，许多抗菌洗涤剂和清洁剂中都含有苯扎氯铵。原本可以杀死病原体的剂量没有起到效果，最后只有加大剂量直到浓度相当高的时候才杀死了病原体。细菌已经习惯了消毒剂，低于致命阈值前甚至可以在消毒剂里正常生活。

当科学家随后用抗生素环丙沙星对付该细菌时，出现了令人震惊的一幕：假单胞菌对这种制剂具有抵抗力，环丙沙星可用于治疗如肠道、胆道和尿道感染。即使病原菌以前从未接触过抗生素，但细菌以用来对付苯扎氯铵的同一膜转运蛋白，同样把抗生素排出了体外。

那么这对于家庭使用意味着什么呢？它告诉我们，绝对没有理由在家里持续性地和预防性地使用消毒剂这样的重型武器。常规的清洁方法就能使健康的家庭保持正常运转。除非家里有患急性或慢性病的家庭成员需要护理，这样的家庭在这条规则里属于例外情况，但他们需要向相关人员咨询如何正确使用消毒剂，如从其家庭医生或药剂师那里获取专业建议。

无须消毒剂即可防止家中滋生微生物的简单方法

1. 高于 70℃的温度：煮沸、烘烤、热洗

2. 高能辐射：日光（紫外线）、微波

3. 脱水：干燥、通风、加盐腌制、加糖糖渍

4. 酸或碱：醋、柠檬酸、盐酸、肥皂、氨水

5. 寒冷和霜冻：寒冷会减缓微生物生长，霜冻能杀菌（但效果不如高温！）

6. 表面活性剂：肥皂、洗涤剂、清洁剂

7. 保持敏感区域的清洁机制

8. 定期更换敏感物（如厨洁海绵）

菌在旅途

有时候觉得，住在像施文宁根这样的小镇上也很不错。大多数目的地步行可达，或者最多开车五分钟。最重要的是，这意味着必要时可以完全避免乘坐公共交通工具。而我恰恰认为有这个必要——特别是在流感季节！

说起来这是一个地地道道的自疑患病的毛病，但是作为一个了解内情的人，我允许自己有这个弱点。原则上，搭乘公共交通工具而感染上流感等传染病的概率更大，尤其是在冬天，挤在一群鼻子嗡嗡、咳嗽不停的人当中的时候。

现代化的交通工具极大地方便了微生物的传播。如果是相对无害的感冒，这可能并不特别令人担忧。但如果是流感，那就不是玩笑了。流感不是伤风感冒[1]（类似流感的感染），而是一种严重的传染病，除典型的感冒症状之外，还伴有高烧和疼痛。2017—2018 年流感季节的令人触目惊心的记录是：死亡1665 人。

可以比较一下：2011 年，德国有 53 人死于肠出血性大肠杆菌感染。来自埃及的被污染的葫芦巴籽豆芽被确定为诱因。2011 年 5 月和 6 月，德国普遍处于大规模恐慌的边缘，因为起初找不到原因。这一事件的严重性绝不允许被淡化。有一则引人深思的心理效应：对大多数人而言，"流感"一词并没有引起更多的重视，而被普遍认为是冬天和重度感冒的一种表现。

---

[1] Schnupfen（grippaler Infekt）：这里是指类似流感症状的普通感染，通常所说的普通感冒、伤风或鼻黏膜炎。——译者注

但事实并非如此。

不要疑心，以为我是在诋毁黑森林-巴尔运输协会的服务：总的来说，如今的全球联网使病原体和传染病的传播比以前更快。

细菌以创纪录的速度前进

如今，全球空中交通网络连接了全世界 4000 多个机场。旅行者有 2500 多个航线可以选择。每年总计运送的旅客超过 30 亿，旅程平均每天超过 140 亿公里。此外，还有不计其数的铁路运输、公路运输，以及全球水路运输。

病原体轻而易举地从甲地传播到乙地，这在人类历史上前所未有，无论是通过洲际航班，还是通过施文宁根的公共巴士。

14 世纪中叶肆虐中欧的鼠疫，就是证明致病性微生物全球性传播演变的一个典型的例子，这场浩劫导致 2500 万至 5000 万人丧生。当时，全球海上航运的开通便利了黑死病的传播。通过连接地中海港口和克里米亚三角洲的贸易路径，鼠疫杆菌[1]一路从亚洲突进入驻欧洲，如果是通过原始的感染途径，病原体估计要花费数十年的时间才能蔓延过去。

---

[1] Yersinia pestis：鼠疫杆菌，属于耶尔森氏菌属，是短小的革兰氏阴性球杆菌，同时是腺鼠疫、肺鼠疫和败血型鼠疫的病媒。鼠疫是鼠疫杆菌引发的烈性传染病，会通过老鼠等啮齿类动物以及它们身上的跳蚤传染给人类。在没有治疗的情况下，感染腺鼠疫 75% 会死亡，感染肺鼠疫的近 100% 会死亡。这次黑死病爆发使欧洲的人口减少了近 1/3。——译者注

由于 14 世纪欧洲的人们几乎只在本地活动，瘟疫蹑手蹑脚地潜伏下来骚扰着人们。根据最新的计算，它每天以大约 4~5 公里的速度从南向北匀速传播。

其他流行病的传播速度也差不多是这样。这普遍地干扰了人们对疫源地[1]的判断。微生物学家约尔格·哈克（Jörg Hacker）[2]借助 15 世纪在欧洲猖獗的性病梅毒的命名小史，恰如其分地表述了这个现象："在法国梅毒被称为'意大利的那不勒斯病'，但在那不勒斯梅毒却叫作'法国病'；在英格兰，梅毒同时被称为'高卢病'和'西班牙病'；梅毒在葡萄牙的名字是'加里格斯病'；波兰人把梅毒叫'德国病'，而俄罗斯人则称梅毒为'波兰病'。"

流行病的环状传染

在现代，流行病的传播速度比以往要快得多：每天推进大约 100~400 公里。但是，确定流行病的发源地仍然是一项重大挑战。

来自柏林洪堡大学的物理学家德克·布洛克曼（Dirk Brockmann）和苏黎世联邦理工学院的社会学家德克·赫尔宾（Dirk Helbing）联合开发了一个数学模型，可以用来预测流行

---

[1] Ursprung der Plagen：疫源地，是指传染源及其排出的病原体向四周播散所能波及的范围，即可能发生新病例或新感染的范围。它包括传染源的停留场所和传染源周围区域以及可能受到感染威胁的人。——译者注

[2] Jörg Hacker：约尔格·哈克，德国微生物学家，《国际医学杂志》的主编，自 2010 年起一直担任德国奥波迪纳科学院院长。——译者注

病的传播。他们用"隐藏的几何学"一词来描述 21 世纪致病性细菌在全球范围内传播的蜿蜒路径。

鉴于现代人口流动的复杂结构，貌似很难预测瘟疫的蔓延动向。然而德克·布洛克曼和德克·赫尔宾成功地建立了一个预测模型。根据这个模型，就像把一块石头扔进水里会荡起一层一层同心圆一般的涟漪那样，传染病也呈同样的圆周运动环状传播。

两位科学家借着他们的模型引入一个术语，这个术语至少在微生物运动方面重新定义了距离的概念。通过"有效距离"公式，他们考虑了以下事实：在我们这个时代，比起以公里为单位的绝对距离，交通连接的质量至少同样重要，甚至更重要。这一点非常有趣，并且在我痛苦的经历中得以验证。

如果你从施文宁根火车站上车——我们姑且将这个规模的迷你小站也称为火车站吧——那么大约需要两个小时才能到达约 100 公里以外的斯图加特机场。同样用时两个小时，从斯图加特搭乘飞机，两个小时后你已经轻松飞抵 500 多公里外的巴黎，可以从从容容地走下飞机，然后优雅地从机场面包房那里购买新鲜出炉的法式牛角面包。

飞机中里近乎无菌的空气

就传播细菌而言，飞机是一种有争议的运输方式。例如，一架喷气式飞机可以快速地载着乘客和病原体一起从地球上的某个偏远角落来到德国。

另外，人们在飞机上接触到的细菌比想象的要少得多。显然，微生物密度最高的区域就是每个座位所配备的折叠小桌板，然而，充其量每平方厘米有 300 多个细菌，这个数量甚至不会引起微生物学家的注意。

机舱内的空气每两至三分钟就用高效微粒空气净化器更新一次，几乎可以 100% 地消灭我们呼吸的空气中的所有细菌。这么干净的空气通常只在手术室中才会有。

许多乘客抱怨旅途后有感冒的症状，特别是在长途飞行后，但这并不是飞机上的空气中含有致病菌的原因，而是空调房间内极为干燥的空气使黏膜[1] 变干所致。这会使病原体更容易进入我们的呼吸道。通常这个问题只会在我们离开飞机后才显现出来，因为机舱里的干燥空气不会为病原体提供太多的生存机会。

研究表明，要在飞机上感染流感之类的病毒其实并不容易。美国科学家已经研发出一种模拟器，显示流感病毒在人们打喷嚏后的传播范围。为此，研究人员将乘客在飞机上活动的观察与已经掌握的病毒人传人的情况相结合。

结果出乎意料：距离感染者两个座位以上的所有乘客都免受细菌侵袭。这与飞机中的气流不无关系。

舱内空气以每秒一米的速度通过天花板泵入机舱，之后又被吸回到靠窗的座位下面。从而产生了自上而下进行的层流，并且避免了横向或纵向上水平的气流运动。

在同一项研究中，研究人员在流感季节对 10 个洲际航班上进行了检测，但是导致最常见的 18 种呼吸系统疾病的病原体，

---

[1] 这里的黏膜指鼻黏膜和眼结膜。——译者注

他们在机舱空气中未曾发现其中任何一种。

疟疾——德国头号外来传染病

但是还有另一个不争的事实：柏林的罗伯特·科赫研究所（Robert Koch Institute）连续几年以来，每年都在德国登记将近 1000 例新的疟疾病例。他们都是乘飞机入境的。

俗称的"打摆子"，就是疟疾，其实在德国已经一度被消灭了，然而到第二次世界大战后不久，这里又有某种形式的疟疾开始蔓延。尤其是在莱茵河流域，由于洪水不断泛滥，疟原虫[1]的病原体得以繁衍。疟原虫是由雌性按蚊传播的，尽管这种情况已经很少见了，但今天仍然存在。

历史上最著名的疟疾受害者是剧作家兼诗人弗里德里希·席勒（Friedrich Schiller），年轻的诗人在曼海姆患上了"感冒发烧"。为了退烧，作家咀嚼奎宁[2]树皮进行治疗。然而，威胁他生命的可能不是疟疾，而是席勒自己近乎自我毁灭的处方疗法：他连续几个星期只服用汤水，而不进食。这种缺乏营养的饮食使他很快就筋疲力尽了。

直到 19 世纪初，由于莱茵河和其他水系的改道，以及各种

---

[1] Plasmodium vivax：疟原虫，一般是指间日疟原虫，属于孢子纲。由按蚊传播。原虫寄生在人体肝细胞及红细胞内，是疟疾的病原体。疟疾是世界性的严重寄生虫病。——译者注

[2] Chinarinde：奎宁，俗称"金鸡纳霜"，东南亚的茜草科植物，可治疗疟疾。——译者注

湿地变得干燥之后，疟疾才有所减少。

但是，仍然不断有境外旅行的游客将疟疾历经长途跋涉带回德国。威胁生命的病原体主要是恶性疟原虫 [1]。据罗伯特·科赫研究所的估算，疟疾在由境外传染到德国的传染病中排名第一。那么疟疾这种危险的热带疾病 [2] 会再次传染给我们吗？

恶性疟原虫要得以传播必须先接触其潜在的传播者：按蚊 [3]。虽然不能完全排除，但可能性不大。因为与普通蚊子不同的是，按蚊这种蚊子在德国并不常见，并且疟疾属于有通报义务的传染病。感染者必须立即得到治疗。疟疾不存在人传人的传播途径。

一段时间以来，热带医生还注意到由间日疟原虫病原体引起的疟疾形态的死灰复燃。不过，还没有明显的迹象表明这种恶疾会卷土重来。尽管厄立特里亚的难民将老相识疟疾病原体

---

[1]　Plasmodium falciparum：恶性疟原虫，是寄生于人体的四种疟原虫之一，造成恶性疟疾的病原体。恶性疟原虫以人和雌性按蚊作为宿主。在蚊体完成配子生殖和孢子增殖，通过蚊叮咬而感染人，引起人的疟疾，典型临床表现以周期性寒战、畏寒、发热、头痛为首发症状，并发症多，若不及时治疗，可危及生命。——译者注

[2]　文中称疟疾是热带疾病，是因为疟疾首先是在热带、亚热带地区曾经猖獗流行的恶性疾病，历史上疟疾曾经夺走了成千上万人的生命。前文提到的奎宁树的树皮能治疟疾也是由南美洲的印第安人发现的。——译者注

[3]　Anophelesmücke：按蚊，别称疟蚊、马拉利亚蚊，英文学名：Anopheles，是蚊科（Culicidae）疟蚊属，成虫的特征是体多呈灰色，翅膀大都有黑白花斑，刺吸式口器。静止时腹部翘起，与停落面成一角度。其中有 30~40 种按蚊是疟原虫属生物的寄主，会传播疟疾给人类。甘比亚疟蚊（Anopheles gambiae）是其中最著名的一种，因为它是最危险的疟原虫——恶性疟原虫（Plasmodium falciparum）的宿主。——译者注

再度带入德国，不过，正如专家们判断的那样，即使在这些情况下也不存在感染的风险。

扩散到世界各地的胃病细菌

关于难民可能会将危险的流行病引入国内这一点，右翼人士希望能借此煽动起人们的焦虑情绪。这就属于别有用心的蛊惑人心了，在专家看来它与现实完全不符。这些人带来的充其量就是我们所熟悉的现代病，如高血压和龋齿，以及他们在祖国的经历而造成的创伤后应激障碍。然而，寻找与流行病有关的替罪羊有着悠久的传统。犹太人被认为是 14 世纪鼠疫流行的罪魁祸首，并在整个欧洲遭到大规模的屠杀。

正是出于这个原因，对流动性的倾向可以说根植在智人的基因里：大约在 60 000 年前，智人从非洲出发探索世界。无论走到哪里，始终都随身携带细菌。在这方面，最近最著名的发现是澳大利亚微生物学家关于幽门螺杆菌[1]的描述，两位来自

---

[1] Helicobacter pylori：幽门螺杆菌，是革兰氏阴性、微需氧的细菌，生存于胃部及十二指肠的各个区域，它会引起胃黏膜轻微的慢性炎症，甚至会导致胃及十二指肠的溃疡，长期的溃疡会导致癌症。于 1875 年由德国科学家首次发现，但因其无法在容器中培植而没有引起重视；1982 年两名澳大利亚科学家再次发现该细菌，并以人类胃液培育成功，1984 年发表结论并于 2005 年获得诺贝尔生理学或医学奖。他们认为人体的胃溃疡、胃炎等疾病是因为幽门螺杆菌在胃部的繁殖造成，而不是人们长久以来所认为的压力或吃辛辣食品导致的。幽门螺杆菌是目前所知唯一能够在人胃中生存的微生物种类，也是第一个被确认可对人类致癌的原核生物。——译者注

澳洲的生物学家——巴里·马歇尔和罗宾·沃伦也借此获得了2005年诺贝尔生理学或医学奖。

　　大约有一半的人类被幽门螺杆菌寄生，而这种微生物又在胃的酸性环境中建立了自己的"根据地"，并且会导致宿主患上胃溃疡甚至癌症。这种细菌不会在人与人之间随机传播，它比较倾向于由父母传播给他们的孩子。这个过程被称为"垂直"感染[1]。

　　科学家已经能够证明人类是被迥然不同、特征各异的幽门螺杆菌所"占领"。基于菌株的相似性，现在可以以此为根据还原和诠释人类的各种迁徙运动。例如，今天的欧洲人携带着一种幽门螺杆菌，而根据目前的认知，这种幽门螺杆菌是在一万多年前通过混合非洲和亚洲细菌菌株在中东形成的。

　　研究人员还从具有5300年历史的冰川木乃伊"奥兹"冰人[2]的胃中分离出幽门螺杆菌基因组。与预期相反，这位已故的新石器时代的居民所感染的菌株，和今天居住在中亚和南亚的居民的幽门螺杆菌同宗。

　　科学家从这一发现中得出了一个结论：欧洲的开拓和定居模式可能比目前认为的更为复杂。对我来说这再次表明了，"民

[1]　Die vertikale Transmission：垂直感染，指病毒由宿主的亲代传给子代的传播方式，主要通过胎盘或产道传播，还有遗传和亲密接触感染。——译者注

[2]　Gletschermumie Ötzi：奥兹冰人，是以发现地命名的的一具因冰封而保存完好的天然木乃伊，也是迄今为止世界上最古老的木乃伊。1991年德国旅行者在意大利和奥地利边境的阿尔卑斯山脉奥兹山谷一处融化冰河发现的。据推断他生存在公元前3300年的史前时期，死于前3239年至前3105年，距今至少有5300年的历史。冰人现在被保存在意大利博尔扎诺的木乃伊博物馆。——译者注

族"和"人民"这些我们今天看来自然而然的名词，其实放在人类历史甚至近代史当中都是相当晚期才出现的概念。

如何在公共交通工具上预防传染病

1. 提前接种疫苗（如流感疫苗）

2. 搭乘公共交通工具后洗手

3. 尽可能避免与明显患病的人接触（在公共交通工具上阅读报纸有保护效果）

4. 保持个人卫生：生病时避免搭乘公共交通工具，打喷嚏和咳嗽时用手帕或者抬起手肘掩住口鼻

人体本身就是移动着的最大细菌源之一。人类在旅途中携带了包括病原体在内的个人所特有的微生物菌群

该归罪于健身房里的病菌，还是因为"运动"真的会"伤身"

1997 年深秋，多特蒙德足球俱乐部的球迷们正在等待马蒂亚斯·萨默尔的回归。当时，年届而立的马蒂亚斯·萨默尔是多特蒙德俱乐部表现最好的球员之一，在一场德甲比赛中膝盖受伤，不久后去了柏林进行手术。这看起来是一例常规手术。

当时没有人会想到，多特蒙德俱乐部和德国国家队的明星萨默尔，再也无法以球员的身份重返绿茵场了。更鲜为人知的是，在人们期待着他复出的日子里，萨默尔正苦苦挣扎在死亡的边缘。

萨默尔的膝盖在手术后不久出现了异常的肿胀，令医生疑惑不解。各种迹象表明，萨默尔被一种具有多重抗药性的病菌感染了，而这种病菌已经透过软骨正在侵袭他本就受伤的膝盖。医生一再尝试，试图用抗生素在炎症病灶阻断突然出现的危及生命的病菌感染，然而所有的抗生素都逐渐失效。

最后，可以用来挽救这位足球运动员生命的只剩下唯一的一种三线抗生素了。终于，奇迹发生了：这种抗生素奏效了。马蒂亚斯·萨默尔死里逃生，是运气也是福气。而其他感染多重抗药性病菌的患者就不一定那么幸运了。德国的医院每年有约 1000 到 4000 名患者死于多重耐药菌感染。

与众不同的是，萨默尔的病例令这位运动员不自觉地成了这一问题某种意义上的先驱，从那以后，这个问题才为人们所了解并且引发了极大关注。但在当时的 1997 年，几乎没有人很清楚 MRSA 这一字母组合的含义。

它就是具有多重耐药性的耐甲氧西林金黄色葡萄球菌的缩写。葡萄球菌是皮肤细菌。据估计，高达 50% 的人体内带有金黄色葡萄球菌。这倒没有必要惊慌。这种细菌主要存在于人类的皮肤和黏膜上，如鼻腔。但是，从感染中分离出的所有金黄色葡萄球菌菌株中，有 10%~25% 的菌株已经具有多重耐药性。

皮肤上的危险定居者

但是 MRSA 不像许多其他传染病病原体一样，会使正常健康的人立刻生病。只有当感染者自身的免疫系统受到严重攻击时，或者当 MRSA 进入开放性的伤口时，它才会成为问题。后者正是马蒂亚斯·萨默尔所遭遇的。

使 1996 年欧洲足球先生终结了职业生涯的 MRSA 究竟来自哪里？我们无从得知。但完全可以想见，细菌可能早就定殖在他的皮肤上，只是此前没有任何影响。一般来说每个人都可能感染 MRSA，但是运动员被感染的可能性更大，尤其是从事接触式体育运动的运动员。

运动员的住院频率要高于人们的平均水平，可能是因为受伤，或者要进行其他治疗（如物理疗法）。另外，他们总是身处卫生条件时常处于所要求的边缘的地方，如更衣室或健身房。

由于个人的影响力，马蒂亚斯·萨默尔退出足坛的故事曾引起人们的震惊。萨默尔本人最近才公开了被 MRSA 感染的这段戏剧性的经历。但这段历史并没有引起任何有价值的讨论。

在美国，情况就不同了。在篮球、冰球和美式足球等最高级别的运动联赛中，数例 MRSA 感染显然已经使俱乐部和协会负责人认识到，这种超级细菌是极其危险的。

据《纽约时报》报道，为了帮助运动员预防 MRSA 感染，美国职业橄榄球大联盟发布了一份长达 315 页的指南，严谨地列出了卫生规则，细致到给喷壶里灌入消毒剂的具体方法。

作为皮肤细菌，无论是接触到物体还是人与人之间的触碰，都可能遇到葡萄球菌——当然也包括 MRSA，可谓触手可及。因此，崇尚体育传统的美国大学正在寻求各种方法和手段来遏制细菌的潜在传播。由于臭氧可以有效地杀死细菌，他们不惜成本地使用了最先进且昂贵的方法，如用臭氧对运动器材进行消毒。

像专业运动员一样被细菌感染

在大众体育运动中，很难期望有如此昂贵的干预措施。而这可能会埋下一个隐患，因为在我们生活的时代，休闲体育已然达到了专业训练的程度。2017 年活跃于德国 8988 家健身俱乐部的总人数约为 1060 万。根据一项民意调查，大量健身中心的成员平均每周训练一次以上。

与职业运动员相比，这些业余训练者接触到危险病原体的潜在风险基本上一点都不比他们少。迄今，对健身房所进行的几项研究表明，细菌荷载量确实值得关注。

一项调查发现，跑步机和训练用自行车上每平方厘米的细菌数量超过 20 万个，而哑铃和杠铃每平方厘米的细菌数量近 18 万个。对健身房的分子分析证实，这些细菌主要是葡萄球菌之类的典型的皮肤细菌，并且 MRSA 在健身房也经常出现。

该如何解释这种高得过分的细菌密度？

在健身房这种通常比较温暖的环境中，身体最大限度地释放出许多气体——通过剧烈呼吸，通过唾液，尤其是通过汗液。

小汗腺在运动过程中会分泌汗液来冷却皮肤。这类汗液由水、盐、有机小分子（如乳酸、氨基酸、尿素以及缩氨酸）组成。口唇和皮肤是细菌在人体分布最密集的区域。 腋下每平方厘米最多有 100 万个微生物。

由于呈酸性并且含有盐分，汗液其实并不是特别适合微生物生存的环境。 但是皮肤微生物很好地适应了与这种皮肤分泌物在一起的生活。汗液还会把皮肤更深层的微生物喷射到外面，因此接触到汗涔涔的皮肤会被传播更多的微生物。

在锻炼期间和之后遵守基本的卫生守则，变得尤为重要（请参见本章末尾的《卫生小贴士》）。然而事与愿违，教练们经常会发现健身的人，尤其是年轻人，在训练后不洗澡直接套上外衣。这类行为的安全性令人担忧。而他们这样做的原因，可能仅仅是为了避免使用那些舒适度不高的淋浴房。

在年轻人中间流行起来的另一个趋势也隐患颇多，就是全身除毛。剔除毛发的过程中产生的细微割伤和裂口会增加细菌进入体内的风险。

隔离 MRSA 携带者？

在临床领域，德国的 MRSA 感染人数似乎略有下降。为了抑制住多重耐药菌的传播，德国的一些医院已经采取了非常严厉的措施。可是显然，正如科隆传染病学家格德·法特肯希尔[1] 的专家小组的调查显示的那样，并非所有方法都真正有效。

有针对性地让高危病人进行日常洗手和对手部的彻底消毒，在消除细菌方面显示出明显的效果，并在这项研究中被证明是抑制 MRSA 最有效的方法。

而这项研究同样证明，将 MRSA 测试为阳性的病人和通过影像学[2] 筛查出的疑似病人隔离在医院里的做法，并不值得推

---

[1]　Gerd Fätkenheuer：格德·法特肯希尔，德国医生，德国传染病学会（DGI）主席，科隆大学医院传染病学主任。——译者注

[2]　Screening：筛选、筛分，影像学筛查包括 X 光片检查和 CT 检查进行的比如肺癌、结核病等病症的筛查。——译者注

荐。法特肯希尔周围的团队甚至认为，以 MRSA 携带者为例，对病毒携带者进行的隔离会对他们的治疗产生负面影响。原因很简单：因为害怕被戴上隔离的标签，所以去就医的人次减少，并且自愈能力也会下降。

例如，许多人根本不知道自己身上携带着危险的细菌。身上携带着的 MRSA 通常是通过检查意外发现的，而大多数人得知自己是携带者后的反应是震惊。

诸如"隔离"和"MRSA 阳性"之类的术语，加上对多抗性细菌危险性的警告，往往会使人们联想到艾滋病病毒[1]和艾滋病[2]。然而艾滋病病毒和艾滋病阴性呈现的性质完全不同。艾滋病病毒通过血液传播，并会导致威胁生命的免疫缺陷，直到今天还不能治愈。而 MRSA 感染在许多情况下是可以治愈的。

---

[1]　HIV：人类免疫缺陷病毒，Human Immunodeficiency Virus 的缩写，是艾滋病的病原体，以人体的免疫系统作为攻击目标。在没有任何治疗手段介入的情况下，艾滋病感染者的免疫系统将逐渐被 HIV 摧毁，直至丧失几乎所有免疫能力。可引起人类细胞免疫功能损害、缺陷，导致一系列致病菌感染和罕见肿瘤的发生。传染快，潜伏期长，病死率高。HIV 病毒暴露在空气中之后会在几秒钟到几分钟之内全部死亡。——译者注

[2]　AIDS：艾滋病，全称是获得性免疫缺陷综合征，AIDS 是 Acquired Immuno deficiency Syndrome 的缩写。是一种由人类免疫缺陷病毒，即 HIV 病毒感染造成的疾病。艾滋病的主要传播方式包括血液传播、母婴传播以及性传播。临床上一般将艾滋病分为四个阶段：急性感染期、潜伏期、症状期以及典型 AIDS 发病期。急性感染期无明显症状，或出现流感类似症状；潜伏期无明显症状，介于数月到 20 年之间；最后，HIV 感染者的免疫系统几乎被 HIV 摧毁，进入症状期（发病期）。几乎失去所有免疫力的患者将很快死于感染或恶性肿瘤。一般将病程处于急性感染期与潜伏期的感染者称为"HIV 携带者"，而将进入症状期（发病期）的感染者称为"艾滋病人"。——译者注

MRSA 甚至可能自行消失，不治而愈。不幸的是，这种情况在艾滋病病毒上还没有出现过。

就这一点而言，被 MRSA 感染并没有多危急，但是必须被认真对待。病人完全可能从感染中被彻底治愈，消除病菌，恢复健康，就像专业术语"污染去除"[1] 所描述的那样。除使用合适的抗生素制剂进行治疗外，还需要在家中进行为期一周左右严格的清洗和清洁程序。而患者是否真的有必要进行这种 MRSA 治疗，取决于患者的个人病史。

每个人都可以提高抵抗力

进行体育锻炼的普通民众能否避免使多重耐药菌的问题更严重？

答案很明确：完全可以！

我们生活在一个对抗生素的使用通常不太负责任的环境当中。但是要知道，每个人都可以通过自己的所作所为来促成细菌菌株对抗生素产生耐药性。

因为微不足道的伤风感冒之类的小毛病就用抗生素，不严格遵守抗生素的疗程和剂量要求服用抗生素，甚至把没吃完的抗生素丢进马桶，诸如此类的行为就是在催生危险的耐药菌。

这种行为导致这样的事实，即通常的剂量不再足以杀死所

---

[1] sanieren：通常表示放射性的污染消除与净化。源于拉丁语的 saanare。——译者注

有病原体。这样，不敏感的细菌可以死里逃生并进一步传播。越是频繁地服用一种抗生素，不敏感细菌在细菌中所占的比例就越大，直至最终形成了耐药菌株，导致这种抗生素不再起作用。

由于病原体迅速繁殖，并通过遗传物质对其他细菌传播其形成的耐药性，因此抗生素耐药性可能会迅速传播。

那么一度流行的"运动伤身"[1]的理论有道理吗？不，因为害怕多重耐药菌而停止运动无异于因噎废食。

体育运动被证明能够显著地增强抵抗力，保护我们免受传染病的侵袭。专业人士建议锻炼应该适度，如每周跑步 15~25 公里，并且分三到四次完成。

我衷心希望我的妻子能够漏掉最后一段。我上一次出于健身的目的穿上运动鞋，要追溯到德国还在使用马克作为货币的年代。

---

[1] Sport ist Mord："运动伤身"，或曰"运动即谋杀"，德国民谚，传说是出自英国首相丘吉尔之口。——译者注

健身房的卫生小贴士

1. 锻炼后、如厕后要洗手（请为一同锻炼的小伙伴着想）

2. 多带几条毛巾，运动过程中擦汗，运动结束后淋浴。若需要使用坐躺的设备最好使用正反两面颜色不同的毛巾，以便区分铺在设备的一面和接触身体的一面

3. 淋浴后擦干脚部，注意脚趾之间要保持干爽；自带游泳拖鞋（预防脚癣）

4. 生病期间停止锻炼；伤口要包扎起来，避免暴露

5. 锻炼后清洗运动服、毛巾等，洗衣机最好用 60℃ 档清洗。功能性运动衣按照说明允许的最高温度清洗。不需要额外的消毒杀菌。衣物，包括鞋子，充分晾干

6. 健身房必须定期清洁设备。记住向健身房要一份清洁进度表

7. 避免使用类固醇，它会削弱免疫系统

"爸爸，这些是虫虫吗？!" 谈谈儿童、宠物和寄生虫

乍一看，把儿童和宠物相提并论似乎有点冒失。但是，就家庭卫生而言，有时两者的挑战性旗鼓相当。

毫无疑问，动物是人类感染上最危险的传染病的原因。但是，最严重的传染病不是来自狗和猫，它们仍然是德国最受欢迎的宠物。

但是，从微生物学的角度来看，儿童可能是家庭卫生真正的软肋：出于热情他们会无视卫生规范，无拘无束地舔马桶刷，时不时就会强烈拒绝洗手，还会把蛲虫和头虱之类不受欢迎的寄生虫带入屋内。通常平均不超过 3 岁的儿童每年达到 12 次感染被认为是正常的，并且其中不乏有人会传染给兄弟姐妹和父母。

同样不容小觑的是，被人咬的危险和由此被传染的概率至少和被动物咬一样高。要知道当你两岁的儿子咬住你的手臂时，和他在啃一条香肠并无二致。还有老生常谈的桥段，我们不断提到的邪恶细菌——金黄色葡萄球菌，它的出现总是伴随着恶性感染甚至血液中毒。

更有意思的，是以科学的眼光看待人与动物之间的互相致病、相互影响的关系。这种可以由人类传染给动物，或者由动物传染给人类的疾病，叫作人畜共患病[1]。

需要提醒你的是，病原体的传播是双向的。例如，健康的宠物狗完全有可能会被它患病的狗主人传染。

来自动物微光的致病菌

目前相当确定的是，约有 60% 常见的人类病原体来自动物。这几乎包括造成恐慌的有关传染病的所有负面新闻，新闻标题上可能会出现如下字样：狂犬病、乙型和戊型肝炎、禽流感和猪流感、黄热病[2]、埃博拉病毒、疯牛病[3]、蜱传脑膜炎、出血

[1] zoonosen：人畜共患病，又称"人畜共患病"，是一种传统的提法，是指人类与人类饲养的畜禽之间自然传播的疾病和感染疾病。——译者注

[2] Gelbfieber：黄热病，英语：Yellow Fever，Yellow Jack，俗称"黄杰克""黑呕"，有时又称"美洲瘟疫"，是一种急性病毒病。症状通常包括发烧、寒战、食欲下降、恶心、肌肉痛（特别是背部）与头痛。黄热病是由一种黄病毒科的节肢介体病毒引起的，这种病毒是人类历史上发现的第一个人类病毒，也是第一个被证实由蚊子进行传播的病毒。黄热病的病死率高且传染性强，在非洲和南美洲的热带和亚热带地区呈地方性流行，亚洲尚无报告。——译者注

[3] BSE：牛脑海绵状病变，又名牛海绵状脑病（英语：Bovine Spongiform Encephalopathy，缩写：BSE），俗称"疯牛病"（mad cow disease），是由传染因子引起，属于牛的一种进行性神经系统的传染性疾病，是一种传染性海绵状脑病。——译者注

性大肠杆菌肠炎、结核病、炭疽病、鼠疫、疟疾、弓形虫病、绦虫病，等等。

时至今日，不少仅限人传人的疾病也可以追溯到人类与宠物和牲畜的密切接触。通常，病原体、细菌、病毒或单细胞寄生虫在动物界早已存在了相当长的时间，然后在远古时代传染给人类。病原体在人体中很好地适应了环境，并习惯了以人类作为宿主。

麻疹通常被称为儿童期疾病。它可能起源于 11 或 12 世纪发生突变的牛瘟病毒，当时人类还生活在与牲畜密切相处的年代。

与此同时，研究人员还合理地重建了艾滋病病毒的传播模型。可能是猴免疫缺陷病毒 SIV[1] 的变种在 20 世纪初多次传播给人类。

大约在 1920 年，很可能是在金沙萨 [2]，出现了目前在世界范围内传播的艾滋病病毒类型，它最初在刚果盆地传播了几十年，然后在 20 世纪 60 年代波及加勒比地区，在 70 年代传播到北美。

数百万年前，结核病的病原体结核分枝杆菌很可能也是从动物传播给人类祖先的。

---

[1] SIV：猴免疫缺陷病毒（英语：Simian Immunodeficiency Virus，简称SIV），也称为非洲绿猴病毒（英语：African Green Monkey Virus），是一种可影响至少 33 种非洲灵长目的逆转录病毒。在对比奥科岛（于大约 11 000 年前因海平面上升而从大陆分离出来的一座岛屿）的四种猴中所发现的病毒株进行分析后，科学家们得出结论称，SIV 在猴和猿中至少已存在了 32 000 年，且实际存在时间可能更久。不同于 HIV 对人体的感染，SIV 对其天然宿主的感染在很多情况下不具有致病性。但当该病毒感染了亚洲或印度普通猕猴，则将会在感染后期发展成猴艾滋病（SAIDS）。——译者注

[2] Kinshasa：金沙萨是刚果民主共和国的首都和最大河港，也是中部非洲最大的城市。它位于国境西南部、刚果河下游东岸。——译者注

目前已查明约 200 种人畜共患病病原体。全世界每年有 13 种病原体从动物传播给人类，由此引起将近 25 亿人患病，死亡人数超过 200 万。

人畜共患病的领域无论是对医生、流行病学家，还是微生物学家而言，都依然是不可预测的。德国的科学家呼吁建立国家数据库，以便更早地识别甚至预测流行病的爆发。我们可以想见，疾病暴发中仍存在一定的未知因素，其中也包括不知不觉当中在你家里发生的那些被忽略的各种状况。

抓、咬、舔带来的感染风险

对许多宠物，尤其是对狗和猫的免疫接种，有效地抑制了狂犬病。它是最为恐怖的疾病之一，非常折磨人。

那些经常带宠物去看兽医的人，基本能够抵御各种病原体出其不意的攻击。但是，尽管有各种免疫预防方法可供选择，却还是有一些宠物主人没有采取必要的防护措施，如驱虫疗法。

相比而言，大多数养狗的人似乎对狗的品种要求颇高，而猫奴通常不太在意宠物的出身。但在传播疾病方面，与狗相比，猫也不遑多让。由于袖珍的小老虎牙齿尖锐，因此在咬人时病原体甚至会更深入。

如上一章所述，许多人并不知道他们的皮肤上存在一种危险的抗药性细菌。那更不要指望宠物主人能够了解，他们心爱的四足朋友的皮毛中潜藏着这一类多抗性的病菌。这些可能会对生命构成威胁的微生物隐蔽地潜伏着，等待着可以从宠物主人的一次受伤或者裸露的创口中找到进攻的途径。

除此以外，我们的宠物还可以传播许多病原体。它们尚不足以杀死一个健康的普通人，或以可持续的方式伤害他们。但是它们可能会暂时性地引起某种莫名的身体不适，令我们摸不着头脑。

因为被动物咬伤而感染上的犬咬二氧化碳嗜纤维菌[1]，会损害人体免疫系统并引起严重的并发症，甚至会导致死亡。病症较轻的话，会出现类似流感的症状，如发烧、肌肉疼痛、呕吐、腹泻和头痛。

猫抓病[2]可以将名为"汉赛巴尔通体"[3]的病原体通过抓伤或咬伤传染给人类。

几天后，被感染的人会出现淋巴结肿大、发烧、发冷和头痛等症状，该病原体会损伤免疫系统，有导致脑膜炎，或者心内膜炎甚至血液中毒的风险。

人体感染多房棘球绦虫[4]会导致危及生命的人兽共患

[1] Capnocytophaga canimorsus：犬咬二氧化碳嗜纤维菌为细小、梭状的革兰氏阴性杆菌，是寄居在健康的猫、狗口腔内的正常菌群，造成人的感染主要与被动物咬伤、密切接触、机体免疫力低下有关。——译者注

[2] Katzenkratzkrankheit：猫抓病，德语缩写KKK，是由汉塞巴尔通体经猫抓、咬后侵入人体而引起的感染性疾病。——译者注

[3] Bartonella henselae：汉赛巴尔通体又名"亨氏巴尔通体"，为纤细、多形态棒状的需氧小杆菌，革兰氏染色阴性、氧化酶阴性。汉赛巴尔通体存在于猫的口咽部，跳蚤是猫群的传播媒介。通过猫的抓伤、咬伤或人与猫的密切接触而转移到人体，从而引起人体感染。——译者注

[4] Fuchsbandwurm：多房棘球绦虫，又称"多包绦虫"，是绦虫的一种，对人类而言是致命的寄生虫。通常寄生在红狐或其他狐属动物身上，中间宿主是鼠类。会引起肺棘球蚴病，潜伏期很长，从感染至发病一般在20年或以上。患者与狗、狐等有密切接触史。——译者注

病——肺棘球蚴病[1]。狗和猫染上多房棘球绦虫这种寄生虫通常是由于吃了被感染的老鼠。动物本身在感染后通常没有任何症状，但他们会通过粪便排泄多房棘球绦虫虫卵。人类如果接触到不易察觉的粪便痕迹就有可能被感染；此外，如果人类抚摸被感染的动物，尤其是臀部，也可能通过手口接触而感染。

原生动物弓形虫[2]主要在猫肠中生存并繁殖。孕妇感染弓形虫是极其危险的，因为它可能对胎儿造成严重伤害。不过只有第一次感染是危险的。从未接触过弓形虫病原体的女性在怀孕期间必须远离猫和生肉。

宠物带来的满足感

虽然前文提到诸多可能，然而如果要权衡风险和收益，那

---

[1] alveoläre Echinococcose：肺棘球蚴病，是一种分布广泛但罕见的慢性寄生虫病，由多房棘球绦虫的幼虫引起，未经治疗通常是致命的。其虫卵在人体孵化成成虫后，会寄生在肝脏。由于人类只是其中间宿主，因此棘球绦虫无法在人体内发育成熟，只能以幼虫的姿态不断增加数量。在感染初期通常不会有任何症状，但 10 年左右后，随着幼虫数量的增加，肝脏的囊包越来越大，导致肝功能受损。在病症末期，幼虫有可能会因囊包破裂随着血流转移到身体各个脏器。要清除体内的多包绦虫只能依靠手术，但病患察觉异状时，通常绦虫幼虫都已增殖并扩散，因此多达 90% 的感染者都会死亡。——译者注

[2] Toxoplasma gondii：弓形虫，名称源自希腊语"弓"，也叫弓虫、弓浆虫、三尸虫，属于寄生性生物。已确定的宿主是猫，携带者包括很多的恒温动物（鸟类、鱼类和哺乳动物）。会寄生于人体细胞内，随血液流动，到达全身各个部位，破坏大脑、心脏、眼底，致使人的免疫力下降，患各种疾病。71℃的烹煮可以破坏病原体组织，所以煮熟的肉类可以安全食用。目前尚无验证有效的弓形虫疫苗问世。——译者注

么宠物所带来的幸福感和积极影响显然得分更高一些。甚至德国最高的传染病评估机构——柏林的罗伯特·科赫研究所也强调饲养宠物的积极意义：

"通过被需要而提高生活的满意度，通过注视和抚摸动物可以释放压力，还会增加肢体活动和社会接触，这些都对健康有积极的促进作用。事实证明，不少老年人和慢性病患者都有健康状况变好了的主观感受。"

鉴于宠物的陪伴对患者的积极影响，甚至在护理机构和医院中也允许养宠物。

在这期间已经有了充分的证明，与牲畜和宠物的接触对人体健康具有微生物学上的积极影响。其中一篇发表在《新英格兰医学杂志》上的研究论文尤其引人注目，该论文是美国科学家一项基于对阿米什人[1]和胡特尔人[2]生活形式的研究。

这两个新教宗教团体成员的种族背景极为相似：阿米什人于 17 世纪从瑞士移民到美国，而胡特尔人于 18 世纪从南蒂罗

---

[1] Amischen：阿米什人，阿米什教派，是 17 世纪成立的基督教新教再洗礼派门诺会信徒，源于瑞士。其名得自创始人雅各布·阿曼（Jakob Ammann）。信徒为逃避宗教迫害从比利时、德国、瑞士等欧洲国家逃到美国东部山区和加拿大的安大略省。至今生活简朴，衣着黑色，拒绝汽车及电力等现代设施。信奉非暴力。——译者注

[2] Hutterer：胡特尔人，胡特尔教派，欧洲中世纪宗教改革时期基督教再洗礼派中的一支，源于奥地利。其名得自创始人雅各布·胡特尔（Jakob Hutter），信徒因不被天主教和基督教承认而逃到瑞士和德国南部，现生活在加拿大和美国北部大平原地区。实行共产主义、和平主义。不接触社会，不参与政治。——译者注

尔[1]出发来到新大陆。

这两者都生活在僻静的地方。他们在清洁度上具有相似的价值观，两个宗教团体都把吸烟视为禁忌。尽管生活条件基本相同，研究人员却惊讶地发现，胡特尔人的孩子患上哮喘和其他过敏症的概率却比阿米什人的孩子高四到六倍。

两者的重要区别在于：阿米什人完全不用拖拉机和机器来耕种自己的土地；而同样经营农业的胡特尔人则恰恰相反，他们实行工业化的农业生产。更重要的是，阿米什人的牲口棚就在房屋附近，任由孩子们在里面嬉戏；而胡特尔人现代化的牛舍距离房屋较远，并且不允许孩子们在里面玩耍。

这项研究显示，导致患病概率差异的原因是阿米什人房屋灰尘中的内毒素[2]含量较高。内毒素来自细菌菌株细胞膜的分解，具有调节免疫的作用。小鼠实验表明，啮齿动物先天的免疫系统在对抗内毒素时会触发保护性机制。

阿米什人的孩子与动物之间的亲密接触取得了回报。让孩子和动物一起成长似乎看来是有好处的。其对幼儿的积极的和持续性的影响，说明他们的微生物组和免疫系统仍然在建立之中。有一种假设认为，通过与动物的紧密接触，如乳酸菌等各

[1]　Südtirol：南蒂罗尔。蒂罗尔是奥地利西部及意大利北部的阿尔卑斯山东部的一个地区。在古代由凯尔特人居住。过去蒂罗尔全域属于奥匈帝国，第一次世界大战后南蒂罗尔被割让给意大利。——译者注

[2]　Endotoxin：内毒素，endon 源自古希腊语的"内部"，toxin 在古希腊语中是"有毒的物质"。内毒素是存在于病原体如细菌内的天然化合物，具有潜在的毒性。内毒素是细菌的结构成分，一般来说，内毒素不同于外毒素，只有当细菌死亡溶解或用人工方法破坏菌细胞后内毒素才会释放出来，所以叫作内毒素。活的细菌是不会分泌可溶性的内毒素的。——译者注

种微生物可以在儿童的肠道中长久地巩固自己的位置并刺激儿童的免疫系统。

有一个有趣的现象，随着年龄的增长，宠物狗会长得越来越像自己的主人。从视觉上的适应性来看，关于微生物组的调节性并非空穴来风。

折磨孩子，折腾家长

我现在参加孩子的生日聚会或小学庆祝活动，就像不得不在法国南部地区高速公路边上厕所，本着快进快出的原则迅速撤离；当我听到诸如"孩子们自己做土豆沙拉"之类的话，只想起身就跑；偶尔有母女之间的对话飘到我的耳朵里，如她们谈到"姗塔尔，今天早上你闹肚子了，你好好地吃掉这个，腹泻就会好起来的……"也会触发我的逃跑机制。

也许微生物学家应该表现得更为宽容。孩子们饱受各种瘟疫的折磨，他们对此无能为力，而父母也因此备受煎熬，对孩子的痛苦感同身受。

举两个例子。 一次是我儿子 7 岁的时候，我们一家人去阿尔高 [1] 远足，我儿子从一块石头后面走出来，问道："爸爸，粑粑里面有很多白白的小虫子，这是正常的吗？"

小朋友经常会在操场或幼儿园接触到一厘米来长的白色蛲虫。蛲虫的卵通过受感染者的粪便排入土壤、沙地或者玩具里。

---

[1] Allgäu： 阿尔高地区，著名的旅游度假区，地处德国最南端德奥边境地区，是阿尔卑斯山脉的一部分，横跨德国巴伐利亚州、巴登－符腾堡州和奥地利。——译者注。

由于小孩子喜欢将玩具或手指放在嘴里，一来二去，就把寄生虫吃进了体内。

人类已经和蛲虫打了上千年的交道，每两个人当中就有一位领教过蛲虫的厉害。蛲虫寄生在肠道内。雌虫晚上会从肛门中爬出并在体外产卵。随之而来的强烈瘙痒，使孩子们忍不住把肛门挠得血迹斑斑。由于反复地抓挠，形成了继发性感染，而虫卵又有机会借助挠痒的手重新回到口腔，使孩子再次感染——形成了一个恶性循环。

给孩子换干净床单的时候，也会使成年人受到感染。在这种情况下，除服用驱虫药（一种抗寄生虫感染的药物）治疗外，重要的是还要采取一些必要的卫生措施。

保持个人卫生的建议

1. 内衣和床单被罩每天换洗

2. 洗涤温度应至少为 60 ℃，请务必使用全能洗衣粉

3. 不要摇晃床

4. 给孩子勤剪指甲是有好处的，因为可以减少抓挠出血的风险

作为三个孩子的父亲，我和其他父母的接触机会相对更多一些。还从来没有人主动向我坦白："你要小心哦，我们家正在闹蛲虫。"

头虱的情况也差不多。它们是儿童时期的典型疾病，与个人卫生程度没有关系，绝不是不讲卫生的标志。在放大镜下，

这些昆虫看起来相当令人作呕，不过可以轻松地将它们驱除。用篦子梳头可以扫去头发中的虫卵，同时使用专门的除虱洗发水，头虱很快就会消失。

但是被它们光顾算是一种耻辱，幼儿园和小学拒绝透露头虱是从哪里爆发的。

从微生物学的角度来看，当务之急是提防一种看似呆萌可爱、实则最为可疑的动物——它们在我们家里堂而皇之地进进出出。它们体内细菌的数量多得惊人。苏黎世联邦理工学院的科学家对橡皮鸭子进行了检查，结果在80%的玩具中发现了潜在的致病菌，超过半数的玩具里长着各种真菌。

在这些塑料动物中每平方厘米平均生长着500万~7300万的细菌。研究人员颇含歉意地说，他们的研究结果叫人有些"倒胃口"。

保持宠物卫生的小建议

1. 不要亲吻宠物，保护好伤口

2. 对于动物伴侣吃、睡要分区

3. 戴手套和口罩清洁宠物的笼舍和便盆，避免吸入灰尘

4. 接触动物后要洗手

5. 观察咬伤和抓划的伤口，如果有发炎的趋势请及时就医

6. 针对寄生虫定期采取预防措施，遵兽医医嘱注射疫苗

7. 老幼孕和抵抗力低的人需要格外小心

4

芽孢杆菌博士
和病菌先生

祸害人类的尴尬困扰——
出汗、口臭和丘疹

　　微生物要为人类的祸害负责。但是真正的祸害是什么？是鼠疫、霍乱、天花、肺结核和艾滋病吗？还是青春痘、口臭和腋下出汗？

　　2018年，德国人在化妆品上的支出约为171亿欧元。在抵御危机方面，没有哪个市场比乳霜、乳液和洗发水更有保障。与减少香水、口红或染发剂之类的花销相比，可能更多人会选择在度假、汽车或食物方面省钱。

　　化妆品滞留在朦朦胧胧的灰色地带。它的吸引力主要来自承诺给客户的显著改善，令其对使用者更具吸引力。至于这种变化究竟是如何达成的，就不是那么一清二楚了。

　　2006年，刚刚担任汉高微生物组分析实验室负责人时，我一开始人都是懵的。化妆品方向的调整要靠感觉和全球趋势来确定，而不是出于科学的考量。我们讨论的并不是某个化学成分或者微生物，而是整日谈论"新鲜""护理"或"光泽"。

相应地，给我的工作指令都是这样的句式——"我们要展现的是'双倍的'鲜活感，请你为此设计一项测试吧"，或者"请给我们一个'百分之百更多亮泽'的方案"。

客户想被欺骗吗？

例如，当客户敷上一片面膜时，那么有一项魔法就开始发挥效力。从字面上看，这是可以理解的。因为客户其实心底里知道产品中的成分连防止皱纹都做不到，更别提消除了。

我甚至认为，化妆品行业是唯一允许故意欺骗客户的行业。当然，产品的所谓的声明，即广告语，是不能说谎的。最终，你必须像看度假手册一样阅读广告承诺。要知道，被宣传成"坐落于繁华市中心的乡村风格的酒店"是一家环境嘈杂、条件简陋的小旅馆。

如果说使用牙膏之类的化妆品有预防疾病的效果，那是可以允许的；但是，如果说化妆品可以像药物一样渗透皮肤并能系统性地对全身产生作用，面对这样的宣传时你就要警惕了。在制造化妆品的大企业里，定调子的是营销部门，而不是研发部门。这一事实会给科学家带来挫败感。

如果终于为某个产品找到了一种材料，不但价格便宜，既没有毒性又不致敏，还不是竞争者的专利，而且不会导致那款产品产生任何不良的变化包括颜色，保质期又长，并且最关键的是效果还很好，那么营销部门很有可能会让事情变得一团糟。

"白色是新的绿"

每种化妆品都需要一个"故事"来吸引顾客。故事暗合那些乳霜和浴液或真实或被赋予的属性,这也正是客户需求在产品层面的投射。一种有广告效力的成分对这个故事来说至关重要。有一阵子,绿茶充当了这个神奇的成分。人们可能会怀疑产品的质量是否会因为绿茶的添加而有所改变,但是绿茶自带平衡、健康和亚洲智慧等属性,所以在相当长的一段时间里,这个故事非常有效。然而风云骤变,市场部突然通知我们:"哦不,不要绿茶……我们现在需要白茶。你知道的,'白色是新的绿'。"

我们测试了很多有潜力的成分。甚至有一次我们还测了陨石粉,它完全可以成就一个一流的故事。可惜的是,这些外来物质对化妆品没能添加一丁点附加价值。

然而,有些化妆品必须具备明确的功效。止汗露、狐臭净是最好的例子。这些产品仅凭一个好故事是卖不掉的。如果它不奏效,会被客户立刻发现。

人体新鲜的汗液是无味的。15~30分钟后才开始散发气味。究其原委,是因为皮肤上的微生物,尤其是腋下的微生物把汗水慢慢地分解了,同时产生了挥发性的化合物,如类固醇、支链脂肪酸和硫醇,而这些,我们的鼻子会清楚地感受到。

汗味的构成很复杂,但是有一些主导性的成分。汗臭的主要成分是3-甲基-2-己烯酸(3M2H是一种有机酸)。你很容易就能想起这个味道,回想一下你早晨在电梯里遇到一位清洁工,而他已经穿着合成纤维的工作服工作了数小时,电梯里是什么味道?有一点霉味,还有一点酸味。

此外还有含硫物质 3-甲基-3-硫烷基己烷-1-醇，尽管它在汗液中的含量较低，但人们训练有素的鼻子仍能在每升十万亿分之一的浓度范围内感知到它。这个浓度相当于把 50 克的 3-甲基-3-硫烷基己烷-1-醇投进博登湖 [1] 里。刺鼻的膻味将会使每一位欣然而至的游客争先恐后地逃离这片水域。

对抗腋汗的困境

腋下是微生物的理想栖息地：潮湿、温暖、受保护，由于毛发的生长还扩大了表面积，大量的腺体提供了丰富的营养。皮肤细菌在这里达到了最高的密度：每平方厘米有超过 100 万个细菌。

相比之下，腋下的微生物多样性比较适度，细菌类型大约有 50 种。其中最常见的和最主要产生体臭的是棒状杆菌和葡萄球菌。它们含有能够分解汗液并释放出有臭味气体的特定的酶。

汗水主要会产生两个问题：腋窝湿润和气味。化妆品行业也有两项策略来解决汗臭问题：以除臭滚珠为抗菌剂，它的重要成分酒精专门针对造成狐臭的细菌；而香水则是掩饰剂，把它用作"身体喷雾剂"喷在全身来掩盖体味。

那么很明显，弄湿腋下的问题没有解决，酒精还会刺激皮肤，

---

[1] Bodensee：博登湖，也作波登湖或康斯坦茨湖，位于瑞士、奥地利、德国三国交界处，由三国共同管理。博登湖面积 536 平方公里，湖区风景优美，是德语区最大的淡水湖和著名的风景区。——译者注

这是除臭剂的缺点。

止汗剂含有特殊物质可以异化汗液蛋白质，从而收缩和堵塞小汗腺，以保持腋下干爽。而这种物质和其他成分还可以抑制微生物。这样一来就可以一举克服腋下的潮湿和气味。其中起着重要作用的成分是聚合氯化铝[1]。

但缺点是，铝离子可能会对植物和人类产生毒性作用。例如，铝的毒性会间接导致森林枯竭，因为酸雨会越来越多地释放土壤里黏土矿物[2]中的铝离子。除此之外，有人怀疑铝跟阿尔茨海默病以及乳腺癌的疾病成因有关。尽管如此，到目前为止，还没有任何一项研究表明两种疾病与止汗露之间的因果关系，抑或作用机理。

然而，消费者对此仍然十分敏感，并且业内也正在为止汗露寻找聚合氯化铝的替代品。不过既要有效地防潮，同时造价又不高，能够两者兼顾的替代品目前还没有找到。

鉴于目前铝在客户中的形象非常糟糕，以至于许多除臭剂都标上了"无铝配方！"。它们本来就不含铝。

那么作为一名无法拒绝止汗露良好体验的普通消费者，怎样才能保护自己免受铝的不良影响呢？

---

[1] Aluminiumchlorohydrat：聚合氯化铝，也叫氯化羟铝、羟铝基氯化物，是黄色或灰白色粉末，主要用于化妆品中的止汗剂和水质净化的絮凝剂，同时也可用于工业废水的处理。——译者注

[2] Tonmineralen：黏土矿物，是指具有层状构造的含水铝硅酸盐矿物，是构成黏土岩、土壤的主要矿物成分，如高岭石、蒙脱石、伊利石等。——译者注

合理使用含铝止汗剂

1. 适量使用止汗剂，每天最多一次，或一周几次，必要时以除臭剂作为补充

2. 不要在破损的皮肤上使用，如脱毛后皮肤上会有微小的伤口

3. 剃腋毛更卫生，因为干燥速度更快，微生物生长的空间更小，并且减小了附着有气味的物质的可能性

4. 夜间使用效果更佳,因为睡眠的关系晚上活动较少，使成分的效力更持久

5. 彻底清洗腋窝，可以减少细菌的营养供应

6. 限制其他的铝摄入，如通过食物：不要用铝箔储存酸性食物，请勿吸烟

7. 穿着吸湿排汗的纺织品，如穿 T 恤衫作为打底衫

消除体味的新策略

同时有多项研究表明，止汗药除前面谈到的铝离子问题外，恐怕还有另一个缺点：在腋下使用止汗药显然会促使放线

菌 [1] 的比例提高，而其中的棒杆菌 [2] 是形成体味的关键所在。

这就是为什么现在对体味的研究，寄希望于将来不再主要集中于对抗菌剂的研究，而是在止汗方面从策略上加强益生元和益生菌的开发。例如，可以考虑使用益生元制剂，在腋窝区域促生一些完全无味或者味道不重的细菌，来排挤掉那些臭味较重的细菌。甚至更直接的，即直接使用益生菌的方案也在讨论当中。许多"臭"名昭著的腋窝细菌的亲缘菌株，气味明显要淡得多。

受到粪便移植的启发，人们萌生了移植腋窝菌群的创意，即给狐臭重的腋窝移植一些气味清淡的腋窝菌群来进行改善。不过这种疗法到目前为止还只是设想。

我在汉高公司的研究主要致力于寻找能够通过酶抑制细菌释放气味分子的物质，包括化学物质和天然物质。柠檬酸三乙酯就是这样一种物质，它已经应用于许多除臭剂和止汗剂的抑制剂。

其运作机制是：保持细菌活性，抑制造成臭味的酶。

但是到目前为止，并没有真正起作用。配合酒精或氯化羟铝等灭菌剂一起使用时，几乎不可能确保附加成分的效果——

[1]　Actinobakterien：放线菌，革兰氏阳性菌，有菌丝，因在固体培养基上呈辐射状生长而得名。放线菌大部分是腐生菌，也有寄生菌。放线菌能促使土壤中的动植物尸体腐烂。放线菌最重要的作用是可以提炼抗生素，目前世界上已发现的 2000 多种抗生素中约有 56% 是由放线菌产生的。——译者注

[2]　Corynebakterien：棒状杆菌，放线菌目中一属，革兰氏染色阳性、不运动、非抗酸性、无芽孢的杆菌。菌体直形、弯形或多形，常呈棒状。一些生活在腐烂的植物残骸上，一些在黏膜菌群和人类皮肤中很常见。有些对人类或动物具有致病性。——译者注

尤其是出于成本原因而只能少量使用的时候。这就像试图在一场森林大火中测试火柴的效果。

瑞士一家公司有个非常有意思的配方。这家香水公司将香料与类汗物质结合起来，以供细菌酶享用，借此利用腋窝里的敌方细菌进行分解，从而释放出香味。这确实是非常高明的办法，但是对于日常使用来说成本太高了！

对这些散发臭味的微生物的研究也同样证明了，我们对微生物还知之甚少。

我最喜欢的一项研究来自竞争对手，生产妮维雅的拜尔斯道夫公司。这项研究解释了耳垢的黏稠度和体味强之间的联系。而这两者之间的关联，最早源自日本人类学家足立文太郎的发现[1]。早在1937年，他就已经注意到，一个人的耳垢黏度可能与他的体味浓淡有关系，并在当时流行的人类种族科学杂志上发表了他的观察结果。

根据这项研究，亚洲人的耳垢偏白偏干，体味较淡；而我们这样的高加索人耳垢偏黄偏油，体味较为浓重。

拜尔斯道夫的同行们在他们的研究中证明，人体内负责将汗液成分通过汗腺传送到皮肤表面和负责将耳垢送向耳道的，是同一种转运蛋白。

然而，许多亚洲人的这种蛋白因为突变受到了影响，并且

---

[1] Buntarō Adachi：足立文太郎，1865年8月1日至1945年4月1日。日本解剖学者、人类学者，主要关注跨种族的解剖学差异。曾师从德国人类学家和解剖学家斯塔夫·施瓦布，于1899年结束在德国施特拉斯堡大学的学习后返回日本，担任东京帝国大学医学院解剖学教授。他是日本著名作家井上靖的岳父，也是井上靖作品中的解剖师原型。——译者注

这种突变在亚洲地区的普及程度极高。这篇文章把出现这种情况的原因归结于，那些体味较淡的人繁殖率更高。实际上，在亚洲比在欧洲更忌讳谈论体臭的话题。

客户的精神分裂症

从微生物学的角度来看，我们早已控制住了化妆品的许多灾难性的重大问题。实际上，市场上已有的产品就足够了。但是，化妆品公司也深知，客户的消费行为受某种程度的精神分裂支配：一方面，客户喜欢用自己习惯的产品；另一方面，大多数消费者又不断地对新产品寄予期望。

我本人就很吃这一套。面对那些营销手段，一旦有我喜欢的产品贴有"新品问世"，如印上了醒目的新标签诸如"全新配方"或者"添加酸奶新一代"，我就会毫不犹豫地立刻买下。

现下流行的沐浴露就是一个很好的例子，展示了商家如何通过营销技巧成功地向市场推出一些毫无意义的新品。抗菌添加剂在浴液里不但没必要，而且长远来看可能还有害，因为皮肤需要其多样化的微生物群。沐浴露旨在清洁皮肤的同时避免皮肤干燥，并保持其弱酸性。

痤疮是世界上最常见的皮肤病，因此是化妆品行业的绝佳市场。当青年男女不得不顶着满脸痘痘去学校的时候，简直就是灾难。另外，对于卫生品行业的企业来说，痤疮是它们吸引年轻客户的绝好商机。痤疮的产生是由于毛囊上的皮脂腺受荷尔蒙激素的影响其分泌物过多，进而发生堵塞，尤其在青春期，进而形成了细菌的繁殖地。而滋生于阻塞、无氧的毛囊中的痤疮丙酸杆菌[1]就会茁壮成长并导致炎症产生。

有黑头白头的痘痘肌是有较为温和的痤疮的皮肤，或者说是痤疮的早期状态。洁肤凝胶类的化妆品含有如水杨酸和过氧化苯甲酰之类的清洁剂，可以清除皮肤上过剩的油脂，去除角质，打开毛孔并具有抗菌作用。

等真正发展到痤疮的地步，再使用任何化妆品行业的产品都不会有任何效果了。届时患者只能求助于激素、抗生素，或更高浓度的过氧化苯甲酰软膏。鉴于并非所有的痤疮丙酸杆菌菌株都会触发痤疮，因此也出现了益生菌疗法。

为什么口腔闻起来会有大肠味？

口腔是密集度第二高的细菌栖息地，地位仅次于肠道。尤为明显的就是牙菌斑，即口腔细菌在牙齿和舌头上沉积的生物膜，会导致蛀牙、牙周炎和口臭。

牙菌斑中的细菌是兼性厌氧菌，不需要氧气也可以进行新陈代谢。因此，乳酸菌可以在牙齿上自行发酵，所形成的乳酸反过来又会侵蚀牙齿珐琅直至珐琅质被摧毁。

有机物在无氧条件下分解会不可避免地产生难闻的气味，

---

[1] Cutibacterium acnes：痤疮丙酸杆菌，因发酵葡萄糖产生丙酸而命名，是引起痤疮的病原菌，和皮肤疾病痤疮息息相关，是一种生长相对缓慢的典型革兰氏阳性菌，呈杆状、棒状或略弯曲，兼性厌氧。它会引起慢性眼睑炎以及眼内炎，特别是后者还需要通过眼科手术解决。——译者注

这方面无论是在口腔内还是在肠道里完全没有区别。

原因要归结于无氧环境下有机物分解过程中所释放出的气体，如硫化氢、酪酸或类臭素。这些气体物质的浓度决定由此产生的口臭的程度，可以用口臭计[1]来测量。引起口臭的原因有很多，未必是由于不注意口腔卫生而引起的。

作为前汉高成员，我可以开门见山地说：化妆品和护肤品市场上到处都是惊喜礼盒，打开它你得到的不一定是你想要的东西。只有很少有价值的物品，大多是搭送一些诸如牙膏之类的赠品。而保持口腔卫生最重要的就是每天数次坚持用牙刷和牙线对牙齿和舌头进行机械性的摩擦清扫以去除沉积在上面的牙菌斑。

此外，几乎什么都不需要。至于泡沫、口味、漱口水，尤其是锌和三氯生[2]这样的杀菌成分，均属多余。唯一有意义的添加剂是氟化物，可以预防龋齿。即便如此，含氟牙膏也因为氟化物的毒性而引起争议。尽管实际上一名体重15公斤的儿童要吃掉一整支牙膏才能达到氟中毒的剂量，但市面上的儿童牙膏不含氟。要预防幼儿龋齿则可以通过有针对性地服用氟片来坚固牙齿珐琅质。

在2016年德国联邦牙科协会委托进行的口腔健康研究表

---

[1]　Halimeter：口臭计，以数字方法计量口腔中臭气浓度程度并由此判断口臭程度的仪器。——译者注

[2]　Triclosan：三氯生，学名"二氯苯氧氯酚"，又名"三氯新""三氯沙"等。其常态为白色或灰白色晶状粉末，稍有酚臭味。不溶于水，易溶于碱液和有机溶剂。三氯生是一种广谱抗菌剂，被广泛应用于肥皂、牙膏等日用化学品中。——译者注

明，现在年龄 12 周岁的儿童中，只有不到 20％的人还可以检测到蛀牙。在这一可喜的变化中氟化物发挥了重要作用，因为氟有助于形成含有钙和其他矿物质的牙釉质，不容易发生龋坏，从而防止蛀牙。

此外，汉高对管理人员的培训包括与同事沟通时的语言组织。措辞要谨慎，切忌粗鲁直语"你很臭"，这种棘手的情境下用词要恰当，谈话要在两人独处的私密环境中进行，可以表示对方的"气味的问题"已经有一些同事注意到了，以表明其客观性而不是个别人的主观印象。这个问题对别人已经造成了干扰，尤其是如果你从事的是化妆品行业的工作。而要解决起来却并不难：如勤换衣服，骑了自行车以后要洗澡，多刷牙，等等。

现在回想起来，我真的很高兴四年来从未在汉高进行过这样的对话——无论是在桌子的这一头找人谈话，还是在另一头被人约谈。

以手扪心：问君多久洗一次手？

标题一望便知，这章内容的总结就三个字：勤洗手！面对涉及家庭卫生的问题，这是卫生学家可以并且必须给出的第一条也是最基本的建议。

幸运的是，在医学界现在也已经达成共识，通过对手部进行严格消毒，至少可以避免三分之一的感染。这不但适用于相对无害的伤风感冒，以及胃肠道感染，对抵御危险性更强的多重耐药菌的传染同样有效。

根据德国联邦健康教育中心[1]（BZgA）的资料，用肥皂彻底洗手可以将肺炎和腹泻的发生率至少降低 50%。

然而，手部卫生依旧不可原谅地一直被忽略。根据 2017 年的一项调查，三分之一的德国人没有洗手便直接坐在饭桌前进餐。德国国家医院内感染监测资料中心（NRZ）[2]就曾指责过，长期以来医护人员接触患者后缺乏必要的手部消毒措施。

这背后的原因并非恶意为之，而是绝大多数情况下就诊和预约通常已经令医生应接不暇，忙到在接诊下一位病人前几乎没有时间彻底清洁双手。而医生和护理人员由于职业关系消毒和洗手的频率总归要比普通人高得多。

为此，许多卫生健康领域的从业人员因为清洁的程序致使手部罹患湿疹，承受着瘙痒和疼痛的代价。数年前流行的手术前"严格搓擦双手"的行规已被逐渐废弃，因为这样做隐藏着致使手部受伤的危险，并增加了发炎和感染的风险。现在更加

---

[1] Bundeszentrale für gesundheitliche Aufklärung：简称 BZgA，德国联邦健康教育中心，于 1967 年成立，位于科隆，负责公民的健康教育和健康促进工作，以预防健康风险、宣传健康生活方式为目标，是德国医疗保健的重要组成部分。——译者注

[2] Nationale Referenzzentrum für die Überwachung von Krankenhauskeimen：简称 NRZ，德国国家医院内感染监测资料中心。该中心在罗伯特·科赫研究所的感染流行病学委员会的协调下，于 1995 年在柏林设立，受联邦卫生部任命，并由罗伯特·科赫研究所负责管理。资料中心成立的第二年建立起覆盖全德国的医院传染监督系统，监视医院感染的功能由位于柏林夏利特大学的卫生与环境医学研究所负责。德国有近 1400 家医院至少参与了该系统的一个模块，医院可用标准化方法收集各自的感染数据。——译者注

注重的是手部皮肤的保养和避免干燥。话说回来，这一点在居家生活中也要注意，可以有效降低对手部皮肤的伤害。

致命的尸原虫

在 19 世纪下半叶，不戴手套、不洗手地进行手术属于医院的常规操作。维也纳总医院妇产科的助理医生伊格纳·菲利普·塞梅维斯[1] 正在为产妇的高死亡率而头痛。那时候的塞梅维斯对微生物致病菌还一无所知。然而，他的直觉告诉他，产妇大量在产床上丧生与助产医生没有洗手直接接生有关，甚至有的医生在接生之前不久刚刚剖检过尸体。

塞梅维斯怀疑在治疗过程中医生会把手上的"尸原虫"经过接产传染给产妇。对于生活在 19 世纪中叶尚不具备微生物学知识的从医人员而言，能得出这样犀利的结论需要具备相当的洞察力。

基于他的观察，这位妇科医生开始要求他的同事们在每次检查之前必须用漂白粉[2] 给双手消毒。怀疑医生的手携带病原

---

[1] Ignaz Philipp Semmelweis：伊格纳·菲利普·塞梅维斯（1818—1865），匈牙利外科医生和妇产科医生。曾就读于匈牙利佩斯大学和奥地利维也纳大学，并在维也纳取得博士学位。塞梅维斯发现在公共医院里产妇的死亡率远高于在私人家庭分娩的产妇，进而在 19 世纪医学的产科领域发现了产褥热的起因，是产科门诊的先驱，倡导消毒后进行外科手术，实现了革命性的重大突破，被称为"母亲的救世主"。——译者注

[2] Chlorkalk：漂白粉，也叫"氯化石灰"，是次氯酸钙、氯化钙和氢氧化钙的混合物，其中次氯酸钙为主要成分和有效消毒成分。——译者注

体而造成了产妇的感染，这被医护人员认为是一种冒犯和亵渎，于是塞梅维斯的同事们完全无视他这条极具前瞻性的卫生建议，尽管这在今天是难以置信的。

而塞梅维斯在他的从医生涯中又遭遇了更加不幸的转折，1865年，他的生命在维也纳附近的一家精神病院的神秘事件[1]中走到了终点，享年47岁。他在去世后才受到重视，被医学界尊为现代医学的英雄，在20世纪初，他被称颂为"母亲的救世主"。

大约150年后，有关医院里恰当的手部卫生的讨论达到了一个新的高度。医生与患者之间的强制性握手可能在不久的将来就会彻底消失。因为与传统的握手相比，起源于美国的问候方式——用撞拳或击掌来打招呼，能大幅减少细菌的传播。目前在一些医院中医生已经开始避免与患者握手。

但这在医学界还是有争议的，毕竟治疗也要用手。另外，医生每天要握手上百次，尽管现代的消毒液可以补充油脂，但上百次的使用仍会给皮肤造成负担和损伤，何况医生可能消毒更多次。而患者可以缓解这种紧张的局面，如当他们是因为罹患传染病而前来就诊，那么患者完全可以主动拒绝握手。

30 秒护理

日常居家的洗手是一个投入与收益不成比例的程序：花费

---

[1] 之所以称之为神秘事件是因为塞梅尔维去世时原因不明，有观点认为塞梅尔维斯因为提倡医生消毒而遭受打击和挫折，死于自杀式的故意感染。——译者注

甚微，却好处良多。而实际上，人们对这道看起来简便的程序有诸多抱怨，又不禁引人思索。经过深思熟虑，人们总结出一套每个人洗手时都应该遵循的程序性规则：使用肥皂洗手时至少要 30 秒，才能确保肥皂起泡后被仔细地涂满和摩擦到双手，包括指缝、拇指周围和指甲缝。

毫无疑问，就除菌而言用肥皂冲洗比单纯用清水来洗效果要好得多，减少的细菌数量多达 90%~99.9%。重要的是，肥皂的用量要足够多。有研究证明，无论是普通肥皂还是抗菌肥皂，使用得越多则去除的细菌数量越多。

但是，如果手头恰好没有肥皂怎么办？一些微生物学家认为最好完全避免洗手。原因在于：水反而会调动起细菌，手上的细菌只有接触水才会活跃起来。另一些微生物学家持相反的观点：即使仅用清水冲洗，细菌的数量也会明显减少，这是有测量数据可考的。很显然，我倾向于后者的观点。

在医院里，要按照规定的程序进行手部卫生消毒以及外科手部消毒。在家里，通常不需要使用消毒剂，除非有生病的家人需要照顾时才有必要使用。

然而也不乏特例，如在公共厕所你难免会遇到这种尴尬：洗手液的瓶子空了。在这种情况下，你大可不必顾虑太多，直接用消毒液就可以了。

长期来看，手部消毒液也和其他所有消毒剂一样：它们无差别地杀死微生物——包括有益微生物，它们与病原微生物是竞争关系，所以这些微生物可以组织皮肤形成保护性酸膜，刺激免疫系统并对抗病原微生物。

正确的水温本身也是一门学问。长期以来的观点都是，只有在热水中才能把手真正洗干净。但是现在的学术观点已经不再提倡这一点。因为热水会消除皮肤表面的油脂从而导致皮肤脆弱干燥，这相当于为有害细菌开辟了入侵的通道。最好是用温水来洗掉手上这些不受欢迎的小东西。不过用冷水配合肥皂一样可以达到目的。

男人：你的名字叫粗心大意

我经常被问到每天应该多久洗一次手。但这不是一个定量的问题。如果有人整天躺在床上，能摸到的只有被子，那就不必洗手了。否则，下列情况都需要洗手：

关于洗手的小建议

1. 烹饪前后

2. 饭前

3. 化妆前

4. 上完厕所

5. 给孩子换完尿布后

6. 与动物或病人接触后

7. 扔完垃圾后

8. 每次外出归来，回到家里时。无论是长途旅行回来，还是只是短暂出门去了趟超市

各种研究表明，男性在手部卫生方面不及女性。同时，来自美国微生物学家的调查表明，两性手部的微生物也有所不同。

诺亚·费勒[1]在科罗拉多大学的博尔德分校[2]有自己的实验室。几乎没有哪位科学家能像他那样对手部微生物组进行如此深入的研究。研究人员在数百只手上发现了将近4800种细菌。这与消化系统的多样性相对应。

造成这种多样性的原因很简单：身体的任何部位都没有办法像手那样接触到许多不同的表面。也正是因为这个原因，手部的微生物菌群的变化比身体上其他任何部位皮肤的细菌定殖变化都快。从微生物的角度来看，无论是乘坐地铁、抚摸狗还是和孩子一起在沙坑里玩耍，都会带来明显的变化，相应地，在显微镜下会呈现出不同的图像。

更令人惊讶的是：同一个人的左手和右手的微生物组的相似度仅为17%。鸡犬之声相闻而左右并不互通，你的左手不知道右手在做什么[3]——这实际上是成立的：显然，我们用两只

[1] Noah Fierer：诺亚·费勒，美国科罗拉多大学生态学与进化生物学系的微生物学家。——译者注

[2] University of Colorado in Boulder：科罗拉多大学博尔德的分校，简称CU-Boulder。科罗拉多大学简称CU，创立于1876年，拥有分布在科罗拉多州内的四个校区，分别是科罗拉多大学博尔德分校、科罗拉多大学斯普林斯校区、科罗拉多大学丹佛分校和科罗拉多大学安舒茨医学中心。其中博尔德的分校作为科罗拉多大学的旗舰，是美国一流的公立研究型大学，创办于1876年，于1966年成为北美研究型大学联盟美国大学协会成员，并于1985年被评为公立常春藤。——译者注

[3] 前文介绍过作者是虔诚的基督教徒，这句话本意是做好事不留名，出自《马太福音》："你布施的时候，不要让左手知道右手所做的。"——译者注

手处理了很多不同的事情，也触摸了不同的物体。

女性皮肤表面的 pH 值略高可能是由于她们的细菌多样性更高。男、女手部细菌菌群不同的其他原因是化妆品的使用和规律性的手部清洁造成的。

另外一点值得注意的是：在女性手上粪便细菌的比例要高于男性。对此，我妻子的解释一针见血："这是因为在家里清洗厕所的往往都是女性。"

洗衣机里的警报 —— 为什么细菌会进入我们的衣物

　　曾经在汉高共事过的一位同仁的话，至今仍会回响在我耳边："洗衣服的时候最危险的事，莫过于用手对各种脏衣物进行分类。"言之有理啊。

　　在家里，疾病通过洗衣机进行传播并不是什么大问题。现代的日常工作所需要进行的体力劳动越来越少。我们中的许多人从事服务行业，我们的工作场所通常是办公室。因此我们需要洗涤的衣服基本上也不会特别脏，这跟以前大不相同。今时今日，脏到需要用 90℃ 热洗程序进行洗涤的衣物并不多见。

　　但是从理论上来说仍然存在一定的感染风险，也就是说人们会在家中通过洗衣服而感染上令人不快的细菌，一些顽固的病原体，如脚气菌或诺沃克病毒。诚然，人与人之间的直接接触，尤其是用手触碰过被污染的表面，无疑有着更大的风险。

　　我们应当始终牢记，在家洗衣服的主要目的是去除尘埃、污渍和异味，而不是对衣物进行消毒。消毒洗涤只有在医院或护理机构中才特别重要，因为那里面住着的是病人和一些免疫功能低下的人。

在那里，衣物要经过专门的化学加热进行消毒处理。对在手术室里使用的纺织品还需要更繁复的方式高压灭菌，也就是在 2 个大气压下用 120℃的水蒸气进行消毒。如果是在家里，这样处理衣物则大可不必。现代洗衣机和全能洗衣粉绝对能够把衣服洗得足够干净。但是生产洗涤剂的大集团却要求研发部门与时俱进、不断推陈出新，这又是为什么呢？

神奇的成分：漂白剂

遗憾的是，当前流行的洗涤趋势与卫生洗涤背道而驰：因为要节能和环保，如今都采用低温洗涤。除此以外，很多时兴的纺织品都特别敏感，不宜高温洗涤而且只能使用温和的洗涤剂。

毫无疑问，液体洗涤剂的风靡也是有问题的。与洗衣粉相比，液体洗涤剂的优势在于更方便掌握剂量，并且不会在衣物上留下任何残留物。但是，液体洗涤剂不含漂白剂这一控制细菌的核心成分。

漂白剂在洗涤过程中会产生过氧化物，即所谓"活性氧"。在氧化的过程中不仅污渍会消融，细菌也会被摧毁。但是，漂白剂仅在粉末状的全能洗衣粉中才有意义。它不能在液体洗涤

剂 [1] 中持续使用，而彩漂洗涤剂如果加入漂白剂就会破坏衣物的颜色 [2]。

液体洗涤剂的水含量很高，但所有含大量水分的物质都容易被微生物污染。而洗涤剂中重要的洗涤物质——表面活性剂，作为碳水化合物则会彻头彻尾地变成微生物的食物。

这就是液体洗涤剂必须添加防腐剂才能长久保存的原因。如若不然它们会像所有易腐烂的物品一样腐坏。当它们散发出难闻的气味时就意味着已经变质了。关于液体洗涤剂这方面的性能，我曾经在微生物学的某一篇文章中读到过一则令人非常信服的解释：为了防止微生物的侵害，洗涤剂不得不以浓缩形式保存。仅凭这一点就可以看清，洗涤剂在洗衣机里无法胜任细菌杀手的角色。

我在曾经就职的汉高部门的业务之一就是负责检查被客户愤而退货的液体洗涤剂。原因：洗涤剂发臭或出现了液体分离。这些情况通常都是由于没有添加足够的防腐剂造成的，如生产环节中的某个喷嘴堵塞带来这样的后果。在公司内部有一个柜子专门放或者翻车或者发臭的样品，我们戏称它为"恐怖橱柜" [3]。这

---

[1]　因为漂白粉中的有效成分次氯酸钠是不稳定晶体，遇水会分解，此外还易受光、热和乙醇等作用而分解。——译者注

[2]　顾名思义，漂白粉有漂白作用，洗衣粉中的次氯酸钠可与水和二氧化碳发生反应，生成具有强氧化性的次氯酸，可以还原有色物质，从而达到漂白的效果。——译者注

[3]　das Gruselkabinett：《恐怖橱柜》，是德国的一部恐怖有声小说和广播剧集，包括柯南道尔在内的不少名家名作，如布拉姆·斯托克、罗伯特·路易斯·史蒂文森等。有多名好莱坞影星用德语配音参与表演。——译者注

些在官方的公告中自然不会被提及……

杀死 99% 的细菌意味着：尚有数百万的细菌幸存

全能洗衣粉是干燥的粉末，因此无须防腐处理。在洗衣机中配合 60℃的水温洗涤，它会成为居家使用的最好的抗菌武器之一。针对不同的细菌和不同的纺织品，它至少可以消灭 99.9%的现有细菌。

借助所谓的漂白活化剂，工业界试图使全能洗衣粉即使在较低温度下也能达到可以接受的漂白效果。这是一条能兼顾卫生和环保的明智出路。即便是液体洗涤剂也能杀死将近 99% 的细菌。但是只要稍微琢磨一下：一台塞满待洗衣物的洗衣机里面，细菌的绝对值可能会超过数十亿。也就是说，如果一次清洗可消灭 99%的各种微生物，那虎口逃生的百分之一、约合数以百万计的细菌仍然存活。对于免疫系统受损的人来说，这是有很大区别的。

一个洗涤过程的杀菌性能取决于许多因素。能使微生物学家和消费者最终满意的，往往又不是特别有利于环境。因为通常情况下，除菌或者是杀菌效果越好，消耗的能源也会越多——不是通过较高的洗涤温度，就是通过持续时间更长的洗涤程序。

这里还有其他一些小建议，有助于去除洗涤物上的细菌：

去除微生物的洗涤卫生建议

1. 遵守洗涤剂的正确配比是除菌的决定性因素。此外还要定期使用常规程序，即高温洗涤

2. 过满的洗衣桶会降低清洗效果，尤其是在洗比较脏的衣物时

3. 漂洗次数越多，去除细菌和洗涤剂残留物的效果越好

4. 为了避免洗衣机内部发出异味，请定期对洗衣机进行自洁，即空洗。空洗时请使用全能洗衣粉，选择60℃或90℃的洗涤程序，并清洁洗涤剂盒和密封圈。洗涤完毕要打开机门充分晾干

5. 烘干程序强度越高，效果越好。阳光晾晒和接下来的熨烫会更进一步地清除细菌

6. 高温洗涤可防止衣物发出异味。相对于纯棉织物，合成纤维更容易吸附细菌和异味，还不耐高温

7. 分类洗涤，敏感的功能性衣物单独清洗，需要用温和的洗涤剂，并且在换下后立即洗涤

8. 从微生物学的角度来看，没必要使用衣物柔顺剂、专用卫生洗涤剂和洗衣机清洁剂

然而商品检测基金会令人震惊的调查结果表明：许多洗衣机并不能达到程序设置的温度，实际洗涤温度要略低于选择的

洗涤温度，有时甚至低很多。

在世界上的许多国家和地区，一直是用凉水来洗涤衣物——准确地说洗涤水温至多不会高于自来水管里的水温。其中也包括美国和日本这两个鲜明的例子。在这些国家，低温洗涤的不足会用高剂量的漂白剂来弥补。这个方法虽然节省了能源，但是却加重了环境的负担。

酶——从实验室走出来的污垢终结者

洗涤剂配方表上罗列的成分清单，基本上只有化学家才能搞得清：表面活性剂、水软化剂、洗涤碱、消泡剂、香料、漂白剂和荧光增白剂、漂白活化剂和稳定剂、色转移抑制剂和防腐剂……

但是其中有一种成分值得仔细研究，那就是洗涤剂中的酶。它可以有针对性地"蚕食"织物上的污渍。

大多数酶都是规规矩矩地在绘图板上被设计出来的，这样就可以定量调整其清洁性能。洗涤剂所含的酶越多，价格也就越高。

开发一种需要专利保护并且最重要的是在洗涤剂配方中能够保持稳定和活性的酶需要花费数年的时间。这个过程意味着昂贵的研究经费，这当然也反映在产品的价格上。

10~15年前，特别流行找到或者通过基因技术设计出特别耐热的酶，这些酶要在60℃的温度下仍能很好地发挥作用。考虑到新的洗涤趋势，如今的实验室必须找到完全不同的解决方案。如今研究人员正在搜寻的是即便在15~20℃的低温下也能发挥效用的酶。

令人讶异的是，所谓的白色和灰色基因工程，诸如通过生物技术处理微生物生产转基因去污剂酶，已被社会广泛接受。这与植物界的绿色基因工程，以及涉及人类细胞和动物的红色基因工程大相径庭。

长期以来，汉高在酶技术领域维系着一个人员数量庞大而颇有名望的部门。但是近年来部门减员非常严重，杜塞尔多夫集团也出于成本原因外聘其他公司的专业人员进行酶的开发项目。集团内部的实验室中，研究人员只能因地制宜地做些分子层面的工作。

细菌和洗衣机，一段爱的宣言

有研究表明，洗衣机是微生物的理想栖息地。这里温暖、潮湿、营养丰富。细菌在洗涤剂盒里、滚筒里、密封圈上，这些地方人们很少清洁，即便清洁也很难清洗，细菌在这里筑建起异常顽固的生物膜。

现代洗衣机与老款相比有一个缺点：老款的金属部件在新型的洗衣机中通常被更便宜的塑料部件代替，而塑料部件上明显更容易附着生物膜。我们在富特旺根应用科技大学的研究报告能够证明，洗衣机中存在数百种细菌和真菌。人们对于这里的病毒或原生动物的自然定殖几乎一无所知。

完全可以想象的是，在这样的细菌环境中洗涤过的衣物会再次被细菌污染。另外一个常识是，生物膜在缺氧环境中会产生臭味。所以，如果刚洗过的衣物有异味，可能表明洗衣机里培育了大量的细菌。

不过，在比利时的一项研究中，研究人员怀疑衣物纤维中残留的皮肤细菌也会散发出难闻的气味。

但是衣物散发异味的原因还没有真正搞清楚，日本的研究人员就已将奥斯陆莫拉菌[1]判定为可引起衣物气味的细菌。这种细菌普遍定居在人类的皮肤和黏膜上，但也存在于自然界。可能就是它造成了我们所熟悉的那种霉味，就像从一件在雨中淋湿、又在温暖的公寓中晾干的羊毛大衣上散发出来的那股味道。

实际上，奥斯陆莫拉菌无论是在洗衣机还是衣物中都很常见。它还是厨洁海绵中最常见的定居者之一。但是我很难相信，气味这种复杂的嗅觉感知能独独归结到一种细菌身上，一定还有其他细菌也参与其中。

普通的洗衣机即使在最佳洗涤条件下也无法达到无菌标准。一次清洗之后，仍然会残留或多或少的细菌。这些幸存的菌落在合适的条件下又可以非常迅猛地生长。

洗涤后将衣物在洗衣机中放置太长时间几乎百分之百会产生难闻的气味。刚洗过的衣服也不宜放在潮湿的地下室晾干[2]。即便在壁橱中长时间存放后再穿，有气味的物质还是可以通过人体热量被重新激活。

---

[1] Moraxella osloensis：莫拉菌，全称"奥斯陆莫拉菌"。1967 年由 Henriksen 在挪威城市奥斯陆首次发现，也由此得名。它被认为是衣服霉味的来源，在厨洁海绵的章节里介绍过为什么海绵用的时间长了就会有异味。——译者注

[2] 德国国情，洗衣房和晾衣房普遍都在地下室。——译者注

就我的标准而言，洗衣卫生专家过于专注在杀死细菌这件事上。这给微生物学界的许多同仁一种感觉，似乎随时会爆出一则猛料来证明：严重的传染源也会在家里通过衣物在家庭成员中传播，使人身患重病。

可惜至今还没人想过，既然细菌会残留在衣物上，我们能不能借助于此让它发挥点积极作用，比如说对我们的皮肤健康产生一些好的影响？

也许有一天我们会利用洗衣机专门给我们的衣物浸沾上好的细菌，我不觉得这个想法有什么荒唐，就像我一洗完我的户外夹克就要喷点防雨剂一样。既然我们已经知道，在用手洗碗的家庭长大的孩子过敏的患病率明显低于平均值，那么穿着浸有益生菌的衣服能起到类似的作用吗？

现在大家都知道了，洗衣机就像一个细菌的熔炉，会逐渐使家庭所有成员的皮肤微生物组协调一致。这难道不是对自己家庭最大的一条爱的宣言吗——自己身体的所有微生物都和家人共享。不是吗？

天堂里的病菌——
通过危险，奔向远方

　　如果有人旅游归来，一般都会有很多话要说。根据我的经验，他们特别喜欢提到的一个话题就是腹泻，这通常都是由有异国情调的寄生虫引起的。但是与居住在那里的野生动物不期而遇的概率不是很高。

　　作为一名刚刚参加工作的微生物学家，我在肯尼亚马赛马拉自然保护区的一次徒步旅行中，有幸一次把两样都碰上了。尽管我起先并不是很愿意但还是参加了烧烤。但在灌木丛中吃完烤肉后不久，我就开始上吐下泻。一个朋友兼导游想帮我从附近的小屋获得一些肠胃药。但是他没能走远——我们的帐篷门口赫然站着一头河马。

　　河马是非洲最危险的动物之一。每年丧生于河马之口的人要多于狮子。而我即使当时已经陷入垂死挣扎的状态，也没有错过那一刻的滑稽。那时我就计划，从一个微生物学者的角度来撰写一本旅行指南，其中还包括那些看似荒诞的事件。

接下来几页的内容都是这本旅行指南的简章，但它的目的不是阻止人们去旅行。当然，旅行本身就有一定的风险。但是，一直待在家里只会更糟。时至今日，我们有机会前往地球的每个角落，这毫无疑问是一件非常奇妙的事情。但是我们也必须知道，许多微生物和寄生虫已先于我们生活在旅行目的地了。来听一听可能会遇到什么，也不是什么坏事。而对下列"坏人"的追捕，毫无疑问需要通过一次去往世界上最美丽的地方的旅行。

美国的黑死病

在美国，年复一年的瘟疫侵袭带给人们巨大的不安全感。所谓的黑死病则是另一个时代的灾难。在 14 世纪，致病性耶尔森菌引起的瘟疫在欧洲造成大约 5000 万人丧生，可能消灭了欧洲大陆的一半人口。很多人认为那次瘟疫已经被完全战胜了，然而这是一种误解。

这个病原体后来在多个地区找到了撤退的大本营，其中就包括美国风景最美的几个地方：新墨西哥州、亚利桑那州、科罗拉多州、加利福尼亚州、俄勒冈州南部和内华达州的国家公园和自然保护区。这些地方以其令人惊叹的美景吸引了无数游客。

这个病是通过跳蚤传播的。当寄生在一只已经感染了的啮齿动物身上的跳蚤，通过宿主的血液摄取了营养后，就会将病原体传染给下一个宿主——通常是另一只啮齿类动物，或者人类。跳蚤在新的受害者身上穿刺吸血时会吐出一个血块，里面有成千上万个活蹦乱跳的鼠疫病原菌。

后来由于抗生素的使用大大提高了患者的治愈概率，这才减轻了人们对这一瘟疫再次肆虐全球的担忧。但是，由于鼠疫的症状类似于严重的流感——发烧、寒战、肢体疼痛，患者有时候并没有意识到其中的危险。而这种瘟疫在未经治疗的情况下通常都会导致死亡。

在 21 世纪最初的 10 年里，世界卫生组织列举了近 22 000 种新型疾病，其中超过 1600 种可以致死。和中世纪一样，腺鼠疫 [1] 至今仍是传播最广的瘟疫。

天堂里的恐怖

2009 年，媒体发表了一则关于德累斯顿一位女士的报道。她在美如天堂的夏威夷出乎意料地遇到一起可怕的事情：一种极其微小的热带蠕虫进入了该女士的中枢神经系统并破坏了一部分大脑。

---

[1] Beulenpest：淋巴腺鼠疫，简称"腺鼠疫"，是最常见的一种鼠疫形式，其特征是淋巴结疼痛肿大或淋巴结发炎。——译者注

这个恐怖的寄生虫就是广州管圆线虫[1]。最初这种蠕虫仅生活在夏威夷的毛伊岛上。后来卫生部门又在距离该地很远的地方也发现了它，如在马达加斯加、埃及及美国的新奥尔良。

从那些关于罹患广州管圆线虫病的病患报道来看，这种寄生虫会带来地狱般的折磨。那种感觉就好像是有一根长长的针刺进头里一样。

通常受害者是因为食用了没有洗过的水果或者青菜而感染。德累斯顿的那位女士正是食用了不干净的柿子椒。这种寄生虫通常是通过食道进入人体器官的：幼虫首先随老鼠的粪便排出，吞食了这种排泄物的蛞蝓[2]和蜗牛被这种蠕虫寄生了。然后这些爬行动物通过爬行后留下的黏液痕迹将进入其体内的幼虫留在了水果和青菜上。

好消息是，拥有稳定健康免疫系统的人群不需要太担心这种病；坏消息是，一旦这种寄生虫进入人体并开始在大脑中展开破坏行动，那基本就无药可医了。

---

[1] Angiostrongylus cantonensis：广州管圆线虫，可引起广州管圆线虫病。这个物种由中国寄生虫学家陈心陶于 1935 年首度在广东省的鼠类身上发现。其终级宿主主要为啮齿类动物，中间转换宿主有淡水螺、蟾蜍、蛙、鱼等。幼虫会在蛞蝓、蜗牛等体内发育至第三期。第三期幼虫可使人感染，人类常见临床症状有脑炎、脑膜炎、恶心、发烧、角膜炎，严重者会死亡。——译者注

[2] Nacktschnecken：蛞蝓，又称"水蜒蚰"，中国南方某些地区称"蜒蚰"（不是蚰蜒），俗称"鼻涕虫"，是一种软体动物，与部分蜗牛组成有肺目，雌雄同体，外表看起来像无壳蜗牛，体表湿润有黏液，对农作物有害。——译者注

水中的定时炸弹

每年都有成千上万的人被蓝氏贾第鞭毛虫[1]折磨，它们尤其会令那些热带地区的游客饱受腹泻困扰。这种肠道寄生虫通常通过被粪便污染过的不洁饮用水进入人体。它们一般藏身于冰块里，或是在人们清洗新鲜水果和青菜时栖身其间。

但是在一些度假胜地的水域中，人们在纵身跃入水中凉快的同时也可能会染上这种病原体。据估计，在新西兰的国家公园里，有超过一半的水域和河流中都栖息着这种单细胞生物，它们可以在水中以某种形式存活长达四个月。

粗略估计，全世界约有10%的人是这种原生动物的携带者。贾第鞭毛虫通过口腔进入胃肠道，并像定时炸弹一样潜伏在那里。数周之后，腹泻、胃胀气和胃痉挛便会姗然而至。不过，通过药物治疗很快就能康复。

从学术的角度看，贾第鞭毛虫病是一种极为罕见的存在。因为虽然它的细胞有细胞核，却没有线粒体，几年前还因此引起过学术界激烈的争议，最后的结论是：这种会引起腹泻的蓝氏贾第鞭毛虫不属于相对原始的原核生物（没有细胞核的单细胞生物），而是属于进化程度颇高的真核生物（有细胞核的单

---

[1]　Giardia intestinalis：蓝氏贾第鞭毛虫（学名：Giardia lamblia），简称"贾第虫"，又名"蓝布尔吉雅尔氏鞭毛虫"，其命名是为纪念其研究者雅尔和 W.D 蓝布尔。蓝氏贾第虫是鞭毛纲的一种原生动物，主要寄生在人体和某些哺乳动物的小肠内，可引起腹痛、腹泻和吸收不良等症状。贾第鞭毛虫病为人体常见的肠道感染病之一，往往一人携带包囊全家感染。——译者注

细胞或者多细胞生物）[1]。

食脑者的入侵

状如变形虫[2]的小小鞭毛虫福氏内格里虫[3]和大白鲨的区别是什么呢？遭遇大白鲨，兴许还有生还的机会，但是假如被这种杀手变形小虫侵入体内，那基本上只有束手就擒了。

2005—2014 年，全美国报告了 35 例福氏内格里虫感染的病例，其中仅有两例幸存。这种寄生虫潜伏在温泉水、河流和湖泊中，在那些没有充分氯化的游泳池中也会找到它的踪影。它只能在淡水中生存。

这种致命的疾病是通过鼻子感染的，福氏内格里虫这种单细胞生物会由鼻腔吸入后直接进入大脑，然后会迅速引发化脓性脑炎。一般在 5 天之内便会致人死亡。

---

[1] 真核生物与原核生物的根本区别是前者的细胞内含有细胞核。大多数真核细胞中还含有其他胞器，如线粒体、叶绿体、高尔基氏体等。除蓝氏贾第鞭毛虫、溶组织内阿粑以及几种微孢子虫外，大多数真核细胞或多或少都拥有线粒体。细菌没有成形的细胞核，属于原核生物。——译者注

[2] Amöben：属于原生动物门肉足亚门裸变亚纲变形目。音译为阿米巴。虫体赤裸、柔软，因可向各个方向伸出伪足，以致体形不定得名。——译者注

[3] Naegleria fowleri：福氏内格里虫，俗称"食脑菌""食脑变形虫""福氏阿米巴虫"。福氏内格里虫并非阿米巴原虫，但由于其在环境适于它生存时，会以类阿米巴的形式存在，故曾被误认为是阿米巴原虫的一种。福氏内格里虫常见于 25℃以上的温水环境，在约 42℃时繁殖力最旺盛。病原体进入鼻腔后会引发"福氏内格里阿米巴脑膜脑炎"，但喝了遭病原体污染的水则不会被感染。初期尚可治疗，其死亡率可达 95% 以上。——译者注

福氏内格里虫虽然在世界范围内普遍存在，但是感染主要发生在美国和澳大利亚。尽管如此，专家仍担心这种大脑寄生虫会随着气候变暖而成为一个更严重的问题。

研究人员推测，大脑内部一种名为乙酰胆碱的化学物质会释放出信号吸引这种变形虫。这个尚处于初级阶段的认知让医学界看到了一丝希望，也许在不久的将来能找到一种专门针对这种原生动物的有效药物。

然而即使这种化学成分通过了验证，最根本的问题还是没有得到解决：因为被感染几天后出现的病症如头痛、发烧和恶心，很容易让人归结到普通的常见病。但随后患者会出现精神错乱和幻觉。一旦病患平衡开始失调，就说明病毒已经开始破坏大脑，到了毁灭性的阶段了。

因此，难度最大的是准确无误的诊断。然而鉴于病程发展之快，和短期致命的特点，一旦发生误诊几乎没有挽回的余地。

危险的浆果

难以确诊也是恰加斯病 [1] 的特征，它主要在南美洲传播。

---

[1] Chagas-krankheit：恰加斯病，又称为"南美锥虫病"（American trypanosomiasis），是一种热带寄生虫病。于 1909 年由南美洲医生卡洛斯·恰加斯首次提出因此而命名。——译者注

恰加斯病的触发因素是一种名为克氏锥虫[1]的病原体，它可以附着在心肌和神经系统上。

人类被感染后开始并没有特别的症状，和普通的流感症状差不多：发烧、腹痛和淋巴肿大。所以恰加斯病通常都很难被发现，往往直到发展到急性阶段才可能开始治疗。

最常见的传播者是锥蝽[2]，它们会刺破人们柔软的面部皮肤并在伤口上排泄粪便，病原体就此进入人体器官并会引起感染者长时间的不适，不过通常短期内不会被发现，直至引发了心脏肿大或者肠肿大才会暴露。流行于南美洲并在美国和欧洲被奉为"超级食品"的巴西莓[3]，也是这种危险病原体潜在的传播者。

据推测，大约 2000 万南美人感染了该病原体，约有 10%的人死亡，并且死亡时极其痛苦。目前还没有针对恰加斯病的疫苗。专家们怀疑这种病原体现在已经潜入欧洲，仅仅在西班牙就有大约 50 000 名感染者。而且可能还有成千上万的患者根本没有确诊。这些人存在通过输血或捐献器官传播病原体的风险。

---

[1] Trypanosoma cruzi：克氏锥虫，是锥虫属的一种原生生物，也译作枯氏锥虫，属于人体粪源性锥虫，是恰加斯病的病原体，所以也叫"克氏锥虫病"。传播媒介为锥蝽。主要分布于南美洲和中美洲，因而又称"美洲锥虫病"。雌性或雄性锥蝽的成虫、幼虫、若虫都能吸血。——译者注

[2] Raubwanzen：锥蝽，半翅目异翅亚目猎蝽科锥蝽亚科昆虫的通称，因头狭长似锥而得名。其中家居吸血种类是传播美洲锥虫病的主要媒介。——译者注

[3] Açaí-Beere：巴西莓，也叫"阿萨伊浆果"，是指棕榈树上的水果，外观形态大小类似葡萄：圆形，成熟果实的外果皮呈深紫色或绿色。每年结果一次。产于中美洲和巴西。——译者注

血吸虫 [1] 的袭击

　　血吸虫病[2]是一种热带传染病，主要是由吸血蠕虫即血吸虫，尤其是曼氏血吸虫 [3] 引起的。据保守估计，全世界至少有 2.3 亿人感染了曼氏血吸虫病原体。

　　曼氏血吸虫是主要在非洲、南美洲和亚洲传播的寄生虫。感染源主要是受污染的静止或者是流动缓慢，而且水温常年高于 20℃的水域。

　　那些杂草丛生的河岸，是特别容易发生感染的地带，其间生活着各种类别的蜗牛，这些软体动物正是血吸虫病原体的中间宿主。当人们在洗澡、蹚水或在水边浣洗时，这些吸血蠕虫的幼虫就会钻入皮肤进入人体。有时候仅仅是被一点水花溅到身上就足以感染血吸虫病。但是血吸虫病在人和人之间并不能直接传染。

　　感染病状几天之后就会显现出来，皮肤会出现瘙痒和皮疹。这些症状表明身体已经察觉到病原体，并正在组织有针对性的

---

[1]　Pärchenegel：血吸虫，又名"裂体吸虫"，属扁形动物门，其 19 个同属的物种中有 6 种可以寄生于人类。其中 3 种分布范围较广，是感染人类的主要类型；另外 3 种因为地域局限对人的影响较小。血吸虫成长的过程都必须经过在淡水螺类体内的寄生阶段，才有能力感染其他宿主。血吸虫寄生后多选择在宿主体内的静脉血管定居。——译者注

[2]　die Bilharziose：血吸虫病，或血吸虫症。由血吸虫引起，症状表现各有不同，统称为血吸虫病（或血吸虫症），被世界卫生组织公布为六大热带医学疾病之一。——译者注

[3]　Schistosoma mansoni：曼氏血吸虫，于 1852 年首先在埃及开罗一尸检病人体中发现。广泛流行于非洲、南美洲和亚洲的阿拉伯半岛。——译者注

防御措施。然而，人体如果不借助外力是无法自己摆脱血吸虫这样的入侵者的。

在没有正确地认识并且有针对性地治疗的情况下，幼虫会长成成虫，并长期定居在病人的血管中，逐渐发展成为慢性血吸虫病。

血吸虫在血管里繁殖得很快，每天生产数百上千个虫卵。随着时间的推移，它们会对人体造成很大的损伤——尤其是当它们侵入肝脏、肠道或者膀胱后。

即使在德国也可能会感染血吸虫病：在被鸭子或者鹅的粪便污染的水域里游泳，就可能会导致所谓的血吸虫尾蚴性皮炎 [1]。这是一种会造成持续瘙痒的皮肤感染，虽然比较烦人，但与热带的曼氏血吸虫病相比并不危险。

会传染的弯腰驼背

在这个世界的度假天堂中，一种奇怪的流行病正在蔓延：人们因高烧惊厥而战栗不已，关节奇痛到几乎无法站起来。

---

[1] Zerkarien Dermatitis：血吸虫尾蚴性皮炎，是禽、畜类血吸虫的尾蚴侵入人体皮肤引起的一种变态反应性炎症。因常在水稻种植时发生，所以又称"稻田皮炎"。在许多国家，常因在淡水湖或半咸水海游泳后发生，故称"游泳痒"，日本人称其为"湖岸病"。感染后会发生瘙痒，继而出现粟粒大红斑、丘疹、丘疱疹。——译者注

2006 年的留尼汪岛 [1] 上，有超过 16 万人患上了热带发烧基孔肯
雅热 [2]；2014 年加勒比地区因为有超过 35 万的疑似病例而引发
警报。

同属热带地区的毛里求斯甚至罗马都暴发过这种疾病。基
孔肯雅热于 1952 年在非洲的坦桑尼亚首次被发现。患者因为关
节和背部疼痛而不得不勾腰、驼背，因此被称作"弯腰的人"。

长期以来，这种疾病主要在非洲的东部和南部地区、印度
次大陆、东南亚和印度洋的一些岛屿上传播。然而近年来已经
慢慢侵入欧洲南部地区。病毒的传播者亚洲虎蚊，现在已经遍
布意大利、法国南部地区和南欧的一些国家。

专家们认为，即便是德国，在不久的将来也可能会暴发这
种热带病。在德国的南部地区如海德堡和弗莱堡已经发现了亚
洲虎蚊的踪迹。

基孔肯雅热通常会对患者的肢体产生严重影响：病毒除会
引起高烧之外还伴有长达几个月的关节疼痛。跟所有的病毒感
染一样，抗生素对它无任何作用。到目前为止，针对此症还没
有疫苗问世。穿着能遮蔽全身的衣服和使用蚊帐能够避免蚊虫
叮咬，从而可以预防基孔肯雅热的暴发。

---

[1] Réunion：留尼汪岛，一座法属印度洋西部马斯克林群岛中的火山岛。——
译者注

[2] Chikungunya：基孔肯雅热，也被称作"屈公病"。Chikungunya 一词源
自非洲斯瓦希里语，意思是"弯腰"，是由基孔肯雅热病病毒（CHIKV）造成
的感染。症状包括发烧、关节痛，以及头痛、肌肉痛、关节肿胀和红疹。一般
于感染病原体后 2~12 天出现症状。大部分人的病情在一周后会好转，偶尔关
节疼痛会持续几个月。此病的致死率约为 1‰。——译者注

除非患者还患有肝炎或糖尿病之类的基础性疾病，否则基孔肯雅热不会引起严重的并发症或导致死亡，并且病愈后也不会留下后遗症。如果有人得过这种热带病，那他将会终身免疫。

流浪狗的诅咒

狂犬病[1]是一种现行急性传染病。由于病毒能影响中枢神经系统，经常会有认知障碍、行为失常和瘫痪的表现。如果没有得到及时医治，几乎都会致死。

德国不存在狂犬病。根据罗伯特·科赫研究所的调查，德国距今最近的一起经确认的狂犬病于 2006 年 2 月发生在一只野生的狐狸身上。对于德国人来说，感染狂犬病病毒[2]的风险主要是在旅行中。这方面风险最大的国家为印度。

据世界卫生组织的估算，印度每年有多达 2 万人死于狂犬病——几乎占了全世界狂犬病死亡人数的三分之一。在印度，狂犬病病毒一般是通过猴子、猫和狼传播的，当然最主要的感染源还是狗。印度大约有 2500 万条流浪狗，仅在首都新德里就

---

[1] Tollwut：狂犬病，英文 Rabies 源自拉丁语。狂犬病是狂犬病毒所致的急性传染病，人兽共患，多见于犬、狼、猫等肉食动物，人多因被病兽咬伤而感染。临床表现为特有的恐水、怕风、咽肌痉挛、进行性瘫痪等。因恐水症状比较突出，故本病又名"恐水症"（hydrophobia）。对于狂犬病尚缺乏有效的治疗手段，人患狂犬病后的病死率几乎为百分之百。——译者注

[2] Rabiesviren：狂犬病病毒，缩写为 RABV，是一种核糖核酸病毒，为丽沙病毒属，是狂犬病的致病因子。狂犬病病毒属于弹状病毒科狂犬病毒属，单股 RNA 病毒，动物通过相互间的撕咬而传播病毒。——译者注

有超过 25 万条流浪狗。

还有一个问题是：很多印度人显然还不知道狂犬病在绝大多数情况下都是致命的，所以对感染这一病毒的危险并不重视。打算去印度旅行的游客在旅程开始前无论如何都要考虑注射狂犬疫苗。

这份列表并没有列举出所有的危险情况，我仅仅是从一个微生物学家的角度出发，举一些例子来给大家展示，寄生虫和微生物可能会以什么样的方式来影响我们的身体健康。

值得一提的还有疟疾，它主要是在非洲和亚洲为害一方。还有黄热病和登革热也会对人类健康构成威胁，特别是对于前往非洲的旅行者而言。最后要提到的但并非最不重要的一点是旅途中常见的腹泻，这是由肠毒性大肠埃希杆菌(E.coli)引起的，它是肠出血性大肠杆菌 ETEC 的近亲。

可是，潜藏的危险不仅仅来自远方。从微生物学的角度来看，清理自家庭院的花坛也是有风险的。一克泥土中有多达 100 亿个来自将近 50 000 种不同类型的微生物细胞体。它们大多数都是无害的，除了以下几个危险分子：

例如，会引起破伤风[1]的病原体破伤风梭菌[2]就生活在土壤

---

[1]　Tetanus：破伤风，是破伤风梭菌经由皮肤或黏膜伤口侵入人体而导致的一种特异性感染。各种类型和大小的创伤都可能受到感染。从感染至发病有一个潜伏期，破伤风潜伏期长短与伤口所在部位、感染情况和机体免疫状态有关，通常为 7~8 天，也可短至 24 小时或长达数月、数年。——译者注

[2]　das Clostridium tetani：破伤风梭菌，又名"梭状芽孢杆菌"，是引起破伤风的病原菌，大量存在于人和动物的肠道中，由粪便污染土壤后经伤口感染引起疾病。本菌繁殖体抵抗力与其他细菌相似，但其芽孢抵抗力强大。在土壤中可存活数十年，能耐煮沸 40~50 分钟。——译者注

当中。它的芽孢可通过伤口进入人体并引发致命的破伤风。

值得注意的还有通过硕鼠尿液传染的钩端螺旋体病，通过小老鼠粪便传染的汉坦病毒感染，从堆肥里产生的军团菌病，由蜱虫传染的莱姆病和初夏脑膜脑炎[1]……

媒体连篇累牍的新闻报道使人们相信，为了解暑降温跳进当地的湖泊里游泳可能会招致病害，因为在许多水域中都检测到了对抗生素有耐药性的病菌。

对此我的看法是：惧怕会在水里碰上医院的超级病菌，相当于担心会在水中遇到一条逃逸的短尾鳄或者一只凶猛的平背鳄龟。

在长途旅行中预防传染病

1. 出行前和旅途中充分放松心情以增强免疫力

2. 在家庭医生或者卫生局那里做一些旅行预防咨询，尤其是针对自由行和目的地国家或地区

3. 根据目的地国家或地区检查自己的疫苗接种状况，及时接种疫苗

4. 对于入口的东西"能煮的煮，能削皮的削皮，否则干脆别碰！"这条旅行中应当遵循的头号规则可以帮助我们避免胃肠道感染。要当心饮料中的冰块，用自来水刷牙也有可能导致感染

---

[1] TBEV：tick-borne encephalitis virus 蜱传脑炎病毒，壁虱脑炎病毒。——译者注

> 5. 在旅行开始之前，可以服用一些益生菌预防腹泻，但是益生菌不能保证百毒不侵，更不能取代其他的预防措施
>
> 6. 手部卫生，切记勿忘
>
> 7. 准备一些旅行药品（具体请咨询药店）：抗生素、伤口护理用品、净水器等
>
> 8. 不要在不对公众开放的水域里游泳
>
> 9. 穿鞋（预防蠕虫感染）
>
> 10. 预防蚊虫：长衣长袖、驱蚊剂、蚊帐等
>
> 11. 旅行归来后不久，若有严重病症，要跟医生说明旅游史

星虫 [1]——它们将与我们一起离开地球

毋庸置疑，世界末日终归是会到来的。可能是通过一场核战争，可能来自一颗大行星的撞击，也可能是由全球气候崩溃导致，所有这些可能的景象都会摧毁我们现有的文明。没有哪条路是命中注定的。

但是可以确定的是，终有一天地球将无法居住。当太阳膨

---

[1] Star Bug：星虫，是德国计算机学家兼黑客克里斯勒的化名。作者在这里用了"星虫"的复数。——译者注

胀成一个硕大的红色巨星的时候，地球也许就会被烧毁。而太阳的外围在极度膨胀的同时，它的内核则会收缩到一起。所有的水，以及地球上所有生物赖以生存的一切，都会慢慢地蒸发，甚至可能整个星球都会化为灰烬。

这一幕将会发生在遥远的未来，在 20~30 亿年以后。因为太过遥远还不足以引起现代人的恐慌。如果到那个时候还有人类存在，那应该也早已被带到更安全的地方去了。

于 2018 年 3 月去世的天体物理学家斯蒂芬·霍金[1] 生前就催促着人类去太空寻找一处新家。他的理论是：人类必须在近 200~500 年离开地球，否则就来不及在宇宙中占有一席之地了。

这位物理学天才还说，到 2025 年，先进的国家应该已经能将人类送上火星；到 2047 年将在月球上建立稳固的基地。

微生物的韧性

由于我们在地球上的存在与这颗星球上最小的生物息息相关，因此不可避免地产生了这样一个问题：如果有一天这个蓝色的星球毁灭了，这些微生物会怎样？种种迹象表明，在未来的灾难炼狱中，这些单细胞生物存活的时间显然会比人类更长久，而且极有可能它们比人类更加适应外太空严酷的考验。

---

[1] Stephen HawKing：斯蒂芬·霍金（1942—2018）。出生于英国牛津，英国剑桥大学著名物理学家，现代最伟大的物理学家和宇宙学家之一，20 世纪享有国际盛誉的伟人之一。——译者注

微生物是我们这个星球上的第一批居民。早在地球沸腾得如同地狱之时，它们便在此繁殖。我们从最新的研究中发现，细菌显然可以在极端的条件下生存。无论在地下几公里炙热翻腾的间歇泉里，还是在冰冷刺骨的南极冰盖当中，研究人员都发现了这些被称作嗜极生物[1]的微生物：

• 产生甲烷的古细菌——甲烷嗜热菌[2]，不仅可以在高温下生存，而且可以生长！甚至是在深海底的温度超过120°C的情况下； 我们人类发烧超过41°C就可能致命。

• 抗辐射奇异球菌[3]能承受高达17 500戈瑞的强腐蚀剂量；人类在6~10戈瑞的辐射环境下数天以内就会死亡。

• 马里亚纳海沟深海嗜压菌[4]生活在水下11 000米的深处并且需要800帕的压力才能生长，在一个模拟的潜水试验中人类能承受的极限水深是700米和70帕的水压。

即使是在外太空极度寒冷和完全真空的环境下有些微生物

---

[1] extremophiler: 嗜极[微]生物，或者称作"嗜极端菌"，是可以（或者需要）在"极端"环境中生长繁殖的生物，通常为单细胞生物。"极端"环境的定义是人类中心论的，对这些生物本身而言，这些环境却是很普通的。——译者注

[2] Methanopyrus kandleri: 甲烷嗜热菌，广古菌门属Methanopyrus只有kandleri一个种。属于嗜热菌，生长的范围在84~110℃，是从加利福尼亚深海2公里深的"黑烟"中分离出来的。此菌需生长在无氧以及充满CO_2和H_2的环境中，所以会出现在海底火山喷发口的"黑烟"中。——译者注

[3] Deinococcus radiodurans: 抗辐射奇异球菌，是一种对辐射有免疫力的嗜极生物，可以承受能杀死人类3000倍和蟑螂无法抵抗的15倍辐射。——译者注

[4] das Shewanella benthica: 马里亚纳海沟深海嗜压菌，属于深海嗜压微生物，希瓦氏菌属，生活在地球上的海洋最深的地方马里亚纳海沟。——译者注

依然能继续生存。

　　水熊虫[1]的生命力被认为是多细胞生物中最强悍的。与细菌相似，为了求生它们自行进入一种濒死的生命状态。这种类似进入睡眠的生命状态，我们称之为隐生[2]。水熊虫能以睡眠状态在 -273℃的外太空条件下生存数天之久。这是研究人员把两种水熊虫置于开放的容器中在距离地球 270 公里的外太空绕地球旋转 10 天后得出来的结论。

　　马克斯·普朗克研究所[3]的科学家在实验室里对彗星上的恶劣环境进行了模拟，并惊奇地发现：即便是在外太空极端寒冷的条件下，仍旧会出现氨基酸这一所有生命最基础的物质，

---

[1]　Bärtierchen：缓步动物门，英文学名 Tardigrata，是俗称水熊虫的一类小型动物，体长不超过 1 毫米，大多数只有 0.5 毫米左右；除头部外，有 4 个体节，每个体节上具 1 对足。主要生活在淡水的沉渣、潮湿土壤以及苔藓植物的水膜中，少数种类生活在海水的潮间带。有记录的大约有超过 1000 多种，其中许多都是世界性分布的。在喜马拉雅山脉（海拔 6000 米以上）或深海（海拔 -4000 米以下）都可以找到它们的踪影。而且，缓步动物也是第一种已知可以在太空中生存的动物。2019 年 2 月 21 日，以色列的月球着陆器 Beresheet 尝试登陆在月球澄海北端失败，但却将数以千计的水熊虫散播到了月球表面。——译者注

[2]　Kryptobiose：隐生现象，也叫潜生。缓步动物门的一些种类对不良环境具有极强的忍耐能力，遇到干旱时，它们可以将身体含水量由正常的 85% 降至 3%，此时运动停止，身体萎缩，在这种状态下，缓步动物可以抵御恶劣的环境达数年之久，如极限温度、电离辐射、缺氧等。当环境好转时，身体再度复苏，这种现象叫作隐生。——译者注

[3]　Max-Planck-Institute：马克斯·普朗克研究所，简称"马普所"（MPI），是德国联邦和州政府支持的一个非营利性研究机构。其前身是德国的威廉皇帝研究院，后以 1918 年的诺贝尔奖得主、量子理论的奠基人马克斯·普朗克的名字命名。马普所主要从事以下三个领域的研究：生物学和医学、物理化学技术以及人文科学。——译者注

而且几乎是自行生成的。这表明生命和生命基石的适应能力比我们想象的更强。

这里有一些例子可以证明微生物的韧性。单细胞生物完全不能承受太阳光中的紫外线。但是根据模拟实验，一层由灰尘和沙子构建的薄紫外线防护层就足以显著提高细菌的生存机会。

在一块直径约两米的陨石内部发现了细菌孢子。这些孢子由于受陨石长达 100 万年的保护而免受宇宙射线的伤害。这样的一块石头对生物而言不算恶劣，但也不能提供哪怕一丁点儿的食物来源。

难道微生物真的能在没有营养和水的情况下挺过 100 万年吗？

一百万年的沉睡

实际上，细菌确实具有在极度缺乏营养的情况下生存的惊人能力：它们会变成芽孢 [1] 并进入深度休眠状态。细菌会在释放芽孢后死亡，而它的遗传物质被全部封存在芽孢里并得以保留，同时完全停止新陈代谢。

然而一旦遇到适当的养分滋养，微生物又可以"起死回生"。

[1] Sporen：芽孢，对恶劣环境具有高度抵抗性的构造，仅发现于少数革兰氏阳性细菌。某些特殊种群的细菌会在缺乏养分的环境中进入休眠状态，有极强的抗逆性，对热、碱、酸、高渗以及辐射均有强耐受性。通常使用的杀灭芽孢的方法为高压高温灭菌。普通的巴斯德消毒法无法杀灭芽孢。——译者注

在第一章里我就已经提到过从盐矿晶体中使 2.5 亿年前的古老孢子成功复苏的例子。其实还有比这更加不可思议的事情。

几年前，研究人员在琥珀中发现了一只保存完好的蜜蜂，并且在其肠道中发现了古老的细菌芽孢，而后进行了复苏。

在它们的宿主蜜蜂困死于树脂之后，大约又过了 2500 万年，这些微生物就像童话中的睡美人一般，从沉睡中被营养液唤醒，这令科学家们万分惊喜。

这些微生物显然有能力对抗外太空那些有毒的环境。那么是不是也存在这种可能：它们本来就是在很久很久以前从外星系来到我们地球上的呢？

可以做这样一个假设：在远古时代，我们这个星球的环境还如同地狱一般恶劣的时候，火星上的陨石撞击了地球。没有生物能在这样的撞击下生还。或者没准还真有？

德国航空航天中心（DLR）的科学家们做过实验来测试微生物的孢子。实验中，要将一块沉重的金属板从一定的高度朝微生物的芽孢劈头盖脸地砸下来，看它们会有怎样的反应。撞击产生了强烈的冲击波并且形成了 500℃的高温。最后的结论是：一切都烧焦了，孢子也被染成了黑色，然而还是有成千上万的微生物存活下来了。

是从天而降的彗星和小行星把这些发育成形的有机分子带到处于萌芽状态的地球？这是否意味着单细胞的细菌是来自外太空的宇宙生命？至少说明有些重要的有机分子即使在冰冷荒芜的太空中也可以自动形成。

研究学者发现，对地球上一切生物至关重要的一些分子几乎可以出现在宇宙中的任何地方。而且显然，它们甚至不需要一个流淌着水的星球。

对外来微生物的恐惧

1969 年 7 月 24 日，"阿波罗 11 号"的飞行员——尼尔·阿姆斯特朗、迈克尔·柯林斯和巴斯·奥尔德林在成功完成登月任务并顺利返航后，首先被送往一个临时站点进行了为期 17 天的隔离。原因是担心宇航员们有可能会将危险细菌从月球带回地球。

尤其是害怕那些人类还无法抵御的疾病。

这不由得使人联想起 15 世纪发现美洲的时候，大量的传染病被西班牙人带上了新大陆，几乎灭绝了中美洲和南美洲的原住民。

事实证明，虽然没有从太空带回什么，但我们的宇航员可并非空手而去的。和大航海时代一样，又是"征服者"将细菌带离了地球、带上了太空。1969 年 11 月第二次登月时，"阿波罗 12 号"的宇航员们发现了多年以前降落在月球上的一个老旧的美国航天探测器。

宇航员把这个名为"勘探者 3 号"的航天探测器的部分零件带回了地球。美国国家航空航天局（NASA）的专家们在探测器上发现了细菌，它们可能已经在外太空存活了多年。据推测这些细菌来自一位做前期准备工作时刚好感冒的技术人员；但也不排除另外一种可能性，那就是细菌在返回地球后才到了探测器的零部件上。

这个莫名事件引起了美国国家航空航天局的重视，并决定在未来的太空飞行中确保不会因一时疏忽将地球上的微生物带到地球外的天体上。原因显而易见：假设有一天真的在火星上发现了低等生命，要确保它不是从我们地球上偷渡过去的。

为此制订的"行星保护计划"[1]，列举了执行太空飞行任务时要采取的措施，以保护其他星球不会因为太空飞行任务而沾染上地球生物。

宇宙飞船里的细菌群

太空中到底有没有生命，有的话它们在哪？这个问题一直推动着我们不断地探索相邻的星球。除火星外，木星的卫星——木卫二欧罗巴星位列其中。就像我们所看到的那样，微生物学家不免被问到这样的问题，他们还应该找出微生物在地球之外的极端条件下会有怎样的表现。

如果人类长时间驻留在一个宇宙空间站或宇宙飞船上，就会导致随身携带的微生物发展形成一个自己的细菌群。这会给宇航员的健康带来直接的影响。因此，有必要制定保证舱内卫生和消除污染的相应措施。

特别有趣的是：不仅仅是人类的新陈代谢会在失重状态下

---

[1] Planetary Protection: 行星保护。不同于 Planetary defense 的"行星防御计划"是保护地球、免受小行星撞击等伤害，行星保护计划规定了前往其他天体进行探测任务应该遵守的准则，旨在确保这些天体不会受到地球生物的污染以及反向污染。——译者注

发生改变，细菌也会。例如，鼠伤寒沙门氏杆菌[1]在太空条件下就会改变性情，对老鼠更有攻击性。一方面是微生物的毒性有所变化，另一方面是由于失重而变得虚弱的人体免疫系统，这两者相结合，情况怕是不妙。会不会有原本在地球上完全无害的微生物，到了外太空就变成了一个杀手级别的恶性菌，从而对宇航员构成威胁？

在太空中，宇航员们需要同许许多多的微生物在封闭的有限空间内共处，而且可能会持续很长一段时间。例如，一次载人的火星探测任务可能需要超过两年的时间：去程大约需要250天，在那个红色星球上停留大约一年，随后返程又需要250天左右。

大量研究表明，在苏联的"和平号"空间站上就有很多包括细菌和霉菌等微生物的定殖。"和平号"空间站从1986年至2001年环绕地球飞行，直至最后失控坠毁。

基于对空间站细菌培养的调查，有不少出版物分门别类地报道了100多种不同类型的微生物。其中有致病菌，也有类似霉菌这种能够通过构建生物膜而腐蚀材料的微生物。

落实到卫生方面，在空间站或太空飞船上的生活面临极端的挑战：

- 空气和水要通过生命维持系统不断回收；
- 失重和空间辐射会给身体带来剧烈的变化，如肌肉萎缩，

---

[1] Salmonella Typhimurium: 鼠伤寒沙门氏杆菌，是引起急性胃肠炎的主要病原菌之一。广泛分布于自然界，存在于家禽、家畜、鼠类等多种动物的肠道。该菌在外界环境中抵抗力较强，常温下可迅速繁殖、耐低温、干燥、不耐热。——译者注

并且还会削弱免疫系统；

- 无论洗脸还是洗澡，只能进行有限的身体清洁；
- 饮食的变化也会影响宇航员的微生物组；
- 紧张、无聊等心理压力会给免疫系统造成负担；
- 失重还会造成微生物和污垢的分布跟在地球上不一样。

一项对国际空间站（ISS）上进行的全面的微生物组研究表明，那里的微生物定殖与地球上一个普通家庭内部的细菌定殖非常相似。林林总总数以千计的物种多样性是科学家们判断一个区域微生物组是否在"自然状态"的标准。而微生物组的萎缩意味着周边环境可能容易致病。

由于国际空间站必须完全密闭，因此舱内的微生物是完全可以追踪溯源的：不是来自宇航员，就是被带到空间站的物品。根据"行星保护计划"原则，所有发射到太空中的仪器设备必须是无菌的，它们都是在净化室里进行组装和消毒的。

相关人员会定期检查净化室是否存在微生物污染。他们经常在里面发现一些细菌或者它们的 DNA 或 RNA 的分子痕迹。

2008 年，来自雷根斯堡的研究人员遇到了一个特殊的古细菌群，即所谓的"氨氧化古生菌"。而这种古细菌唯一可能的来源就是人类，尤其是人类的皮肤。

尽管当年还没有发现人类皮肤有古细菌的定殖，但是该小组的进一步研究表明，人类皮肤菌群 10% 的原核生物都源自这一古细菌。可是，它们对健康的功能和意义仍然完全未知。如果不是进行太空研究的关系，可能直到现在这个皮肤细菌都还不会被发现。

在可期的未来，太空研究还将在家庭卫生领域带给我们令人激动以及实用的知识，这是地球人乐于见到的。在太空中，与人类斗室共处的只有微生物，如影随形，不离跬步。人类和微生物的相处终将于此达成最合适的模式，成为和平共处的星际典范。

结　语

　　2017 年的夏天，我觉得我的工作越来越吓人。我们关于厨洁海绵的研究出乎意料地受到了前所未有的关注。德国媒体甚至国际媒体都蜂拥而至，我们几乎每天都要接受采访。对于研究人员来说，会有谁不希望看到自己的工作得到重视和认可呢？这几乎可以算得上是梦想成真。

　　然而连篇累牍式的报道慢慢地发生了戏剧性的变化。人们开始认为，厨洁海绵这种由泡沫制成的方形厨房小帮手，用久了会如同放射性物质一样危险。事态发展越来越荒诞，我开始谨慎地尝试着把这种神经质的臆想扳回到现实，比方说直接建议：为何不更加频繁地更换海绵呢？

　　我显然低估了他们的勤俭，厨洁海绵的所有者们并不喜欢被告知：你的海绵该退休了。在主人眼里它们还正当壮年，应该在厨房这片天地大有作为……

　　无论如何，当初开展这项研究绝不是为了散播恐慌。我们之所以选择这个着眼点，实在是因为一块厨洁海绵里面微生物的小小王国是我们探索微生物世界的上上之选。最重要的是，除对它们当中极少数需要保持警惕之外，我们必须接受微生物是属于我们的一部分，也是我们最亲密的共生体。尽释前嫌，言归于好，这是所有可能性中最好的选择。

关于在家中与微生物健康共处的九个理论

（1）微生物值得尊重和钦佩。它们非常古老，极其微小，适应能力特别强，工作勤勉又努力，因此是我们这个星球上的第一位或许也是最后一位居民。

（2）是人类需要微生物，而不是微生物需要人类。一个人脱离了他的微生物组，那么他这 10 万亿个细胞就无法健康存活。

（3）微生物不是我们的房客，它们恰恰是我们的房东。正是通过微生物的活动，地球才变得适合我们人类居住。

（4）绝对无菌的居家环境完全是一种臆想，也不值得为之努力。凭借它们数十亿年在极端栖息地定居的经验，微生物不可能面对我们的居所驻足不前。而我们也正受益于此，可以借此丰富我们自己的微生物组。

（5）儿童尤其需要一个富含微生物的环境，像陪练伙伴一样磨炼他们的免疫系统。通过微生物的刺激（如宠物）来增强儿童的免疫系统，以此降低罹患哮喘和过敏等疾病的可能性。

（6）我们必须保护自己免受传染病的侵害，而不是一概避免所有微生物的侵染。传染病可能危及生命，但只有极小撮微生物可以触发传染病。

（7）在家里，现有的家庭常备药品和疫苗接种已经足以应付传染病。彻底地清洁、加热、用酸洗、打肥皂及保持干燥，都是在家中抵抗微生物的有效措施。面对恶性疾病则需要疫苗防护。

（8）特殊的除菌措施仅仅在急性和慢性疾病时才有必要。正确地使用抗生素和消毒剂对病人及护理人员是一种保护，对健康人则不是。

（9）有关益生菌的系列措施将赢得更多关注。"好"的细菌不仅能做出好的酸奶，希望不久也会在清洁剂中有所作为。

作为一名微生物学家，我深切希望能在不久的将来将卫生学重新定义为一门积极和科学地管理微生物的学科，而不是停留在杀菌抗病的层面。如果这本书能为此增砖添瓦，我将感到由衷的高兴。

关于卫生与微生物学的
互联网信息资源

- 罗伯特·科赫研究所主页，Robert-Koch-Institut: https://www.rki.de
- 德国联邦健康教育中主页，Bundeszentrale für gesundheitliche Auflärung: https://www.bzga.de
- 食物与饲料警告网，Lebens- und Futtermittelwarnungen: www.lebensmittel warnung.de
- 内环境微生物群系网，Built-Environment Mikrobiom: https://www.microbe.net
- 不要害怕微生物网，Keine Angst vor Mikroben: https://mikrobenzirkus.com
- 微生物的奇妙世界网，Wunderwelt der Mikrobiologie: https://invisiverse.wonder howto.com
- 德国联邦风评估险研究所主页，Bundesinstitut für

Risikobewertung: https://www.bfr.bund.de

• 国际家庭卫生科学论坛，International Scientific Forum on Home Hygiene: https://www.if-homehygiene.org

参考书目

引用的书目（非标准教科书）以及更多文献按各个章节给出。

1.KEIM ODER NICHT KEIM – 第一章 是不是病菌

ELEMENTARES ÜBER MIKROBEN UND MENSCHEN

Carabotti M, Scirocco A, Maselli MA & Severi C (2015) The gut brain axis: interactions between enteric microbiota, central and enteric nervous systems. Annals of Gastroenterology 28: 203–209.

Clemente JC, Pehrsson EC & Blaser MJ et al. (2015) The mi crobiome of uncontacted Amerindians. Science Advances 1: e1500183.

Dodd MS, Papineau D, Grenne T, Slack JF, Rittner M, Pirajno F, O'Neil J & Little CTS (2017) Evidence for early life in Earth's oldest hydrothermal vent precipitates. Nature 543: 60–64.

Dominguez-Bello MG, Jesus-Laboy KM de & Shen N et al.

(2016)
Partial restoration of the microbiota of cesarean-born infants via vaginal microbial transfer. Nature Medicine 22: 250–253.

Fernández L, Langa S, Martín V, Maldonado A, Jiménez E, Mar- 241tín R & Rodríguez JM (2013) The human milk microbiota: Origin and potential roles in health and disease. Pharmacol ogical Research 69: 1–10.

Flemming H-C, Wingender J, Szewzyk U, Steinberg P, Rice SA & Kjelleberg S (2016) Bioflms: an emergent form of bacterial life. Nature Reviews Microbiology 14: 563–575.

Hennet T & Borsig L (2016) Breastfed at Tifany' s. Trends in Bio chemical Sciences 41: 508–518.

Kelly CR, Kahn S, Kashyap P, Laine L, Rubin D, Atreja A, Moore T & Wu G (2015) Update on fecal microbiota transplantation 2015: Indications, methodologies, mechanisms, and outlook. Gastroenterology 149: 223–237.

Kinross JM, Darzi AW & Nicholson JK (2011) Gut microbiome host interactions in health and disease. Genome Medicine 3:14.

Kort R, Caspers M, van de Graaf A, van Egmond W, Keijser B & Roeselers G (2014) Shaping the oral microbiota through intimate kissing. Microbiome 2: 41.

Leclercq S, Mian FM, Stanisz AM, Bindels LB, Cambier E, Ben Amram H, Koren O, Forsythe P & Bienenstock J (2017) Low dose penicillin in early life induces long-term changes in murine gut microbiota, brain cytokines and behavior. Nature Communications 8: 15062.

Liu CM, Hungate BA & Tobian AAR et al. (2013) Male circum cision signifcantly reduces prevalence and load of genital anaerobic bacteria. mBio 4: e00076.

Liu CM, Prodger JL & Tobian AAR et al. (2017) Penile anaerobic dysbiosis as a risk factor for HIV infection. mBio 8: e00996-17.

Lloyd-Price J, Abu-Ali G & Huttenhower C (2016) The healthy human microbiome. Genome Medicine 8: 1024.

McFall-Ngai M (2008) Host-microbe symbiosis: The Squid-Vibrio association – A naturally occurring, experimental mo-242243

del of animal/bacterial partnerships. Advances in Experimental Medicine and Biology 635: 102-112.

Prescott SL (2017) History of medicine: Origin of the term microbiome and why it matters. Human Microbiome Journal 4: 24–25.

Ross AA, Doxey AC & Neufeld JD (2017) The skin microbiome of cohabiting couples. mSystems 2: e00043-17.

Sender R, Fuchs S & Milo R (2016) Are we really vastly outnumbered? Revisiting the ratio of bacterial to host cells in humans. Cell 164: 337–340.

Sevelsted A, Stokholm J, Bønnelykke K & Bisgaard H (2015) Cesarean section and chronic immune disorders. Pediatrics 135:

e92-e98.

Thomas CM & Nielsen KM (2005) Mechanisms of, and barriers to, horizontal gene transfer between bacteria. Nature Reviews Microbiology 3: 711-721.

Verma S & Miyashiro T (2013) Quorum sensing in the SquidVibrio symbiosis. International Journal of Molecular Sciences 14: 16386–16401.

Vodstrcil LA, Twin J & Garland SM et al. (2017) The infuence of sexual activity on the vaginal microbiota and Gardnerella vaginalis clade diversity in young women. PLOS ONE 12: e0171856.

Vreeland RH, Rosenzweig WD & Powers DW (2000) Isolation of a 250 million-year-old halotolerant bacterium from a primary salt crystal. Nature 407: 897–900.

Whiteley M, Diggle SP & Greenberg EP (2017) Progress in and promise of bacterial quorum sensing research. Nature 551: 313-320.

2. EIN KEIM KOMMT SELTEN ALLEIN – 第二章 细菌不是独行侠

Barker J & Bloomfield SF (2000) Survival of Salmonella in bathroomsand toilets in domestic homes following salmonellosis. Journal of Applied Microbiology 89: 137–144.

Bloomfield SF, Rook GAW, Scott EA, Shanahan F, Stanwell-Smith R & Turner P (2016) Time to abandon the hygiene hypothesis:new perspectives on allergic disease, the humanmicrobiome, infectious disease prevention and the role of targeted hygiene. Perspectives in Public Health 136: 213–224.

Butt U, Saleem U, Yousuf K, El-Bouni T, Chambler A & Eid AS (2012) Infection risk from surgeons' eyeglasses. Journal of Orthopaedic Surgery 20: 75–77.

Cardinale M, Kaiser D, Lueders T, Schnell S & Egert M (2017) Microbiome analysis and confocal microscopy of used kitchen sponges reveal massive colonization by Acinetobacter,Moraxella and Chryseobacterium species. Scientific Reports 7:5791.

Caselli E (2017) Hygiene: microbial strategies to reduce pathogens and drug resistance in clinical settings. Microbial Biotechnology 10: 1079–1083.

Caudri D, Wijga A, Scholtens S, Kerkhof M, Gerritsen J, Ruskamp JM, Brunekreef B, Smit HA & Jongste JC de (2009) Early daycare is associated with an increase in airway symptoms in early childhood but is no protection against asthma or atopy at 8 years. American Journal of Respiratory and Critical Care Medicine 180: 491–498.

Di Lodovico S, Del Vecchio A, Cataldi V, Di Campli E, Di Bartolomeo S, Cellini L & Di Giulio M (2018) Microbial contamination of smartphone touchscreens of Italian university students. Current Microbiology 75: 336–342.

Dunn RR, Fierer N, Henley JB, Leff JW & Menninger HL (2013) Home life: Factors structuring the bacterial diversity found within and between homes. PLOS ONE 8: e64133.

Egert M, Schmidt I, Bussey K & Breves R (2010) A glimpse under the rim – the composition of microbial biofilm communities in domestic toilets. Journal of Applied Microbiology 108: 1167-1174.

Egert M, Späth K, Weik K, Kunzelmann H, Horn C, Kohl M & Blessing F (2015) Bacteria on smartphone touchscreens in a German university setting and evaluation of two popular cleaning methods using commercially available cleaning products. Folia Microbiologica 60: 159–164.

Gibbons SM, Schwartz T, Fouquier J, Mitchell M, Sangwan N, Gilbert JA & Kelley ST (2015) Ecological succession and viability of human-associated microbiota on restroom surfaces. Applied and Environmental Microbiology 81: 765–773.

Gilbert JA (2017) How do we make indoor environments and healthcare settings healthier? Microbial Biotechnology 10: 11–13.

Hesselmar B, Hicke-Roberts A & Wennergren G (2015) Allergy in children in hand versus machine dishwashing. Pediatrics 135: e590-7.

Johnson DL, Mead KR, Lynch RA & Hirst DVL (2013) Lifting the lid on toilet plume aerosol: A literature review with suggestions for future research. American Journal of Infection Control 41: 254–258.

Kotay S, Chai W, Guilford W, Barry K & Mathers AJ (2017) Spread from the sink to the patient: In situ study using green fluorescent protein (GFP)-expressing Escherichia coli to model bacterial dispersion from hand-washing sink-trap reservoirs. Applied and Environmental Microbiology 83: e03327-16.

Lang JM, Eisen JA & Zivkovic AM (2014) The microbes we eat: abundance and taxonomy of microbes consumed in a day's worth of meals for three diet types. PeerJ 2: e659.

Martin LJ, Adams RI & Bateman A et al. (2015) Evolution of the indoor biome. Trends in Ecology & Evolution 30: 223–232.

Meadow JF, Altrichter AE & Green JL (2014) Mobile phones carry the personal microbiome of their owners. PeerJ 2: e447.

Miranda RC & Schaffner DW (2016) Longer contact times increase cross-contamination of Enterobacter aerogenes from surfaces to food. Applied and Environmental Microbiology 82: 6490–6496.

Raghupathi PK, Zupančič J, Brejnrod AD, Jacquiod S, Houf K, Burmølle M, Gunde-Cimerman N & Sørensen SJ (2018).

Microbial diversity and putative opportunistic pathogens in dishwasher biofilm communities. Applied and Environmental Microbiology 84: e02755-17.

Rook GA (2013) Regulation of the immune system by biodiversity from the natural environment: An ecosystem service essential to health. Proceedings of the National Academy of Sciences USA 110: 18360–18367.

Rusin P, Orosz-Coughlin P & Gerba C (1998) Reduction of faecal coliform, coliform and heterotrophic plate count bacteria in the household kitchen and bathroom by disinfection with hypochlorite cleaners. Journal of Applied Microbiology 85: 819–828.

Savage AM, Hills J, Driscoll K, Fergus DJ, Grunden AM & Dunn RR (2016) Microbial diversity of extreme habitats in human homes. PeerJ 4: e2376.

Strachan DP (1989) Hay fever, hygiene, and household size. BMJ 299: 1259–1260.

Xu J & Gordon JI (2003) Honor thy symbionts. Proceedings of the National Academy of Sciences USA 100: 10452–10459.

Zupančič J, Novak Babič M, Zalar P & Gunde-Cimerman N (2016) The black yeast Exophiala dermatitidis and other selected opportunistic human fungal pathogens spread from dishwashers to kitchens. PLOS ONE 11: e0148166.

3. SIE SIND MITTEN UNTER UNS – 第三章 它们就在我们当中

Barberis I, Bragazzi NL, Galluzzo L & Martini M (2017) The history of tuberculosis: from the first historical records to the isolation of Koch's bacillus. Journal of Preventive Medicine and Hygiene 58: E9-E12.

Baum M & Liesen H (1997) Sport und Immunsystem. Der Orthopäde 26: 976–980.

Bhullar K, Waglechner N, Pawlowski A, Koteva K, Banks ED, Johnston MD, Barton HA & Wright GD (2012) Antibiotic resistance is prevalent in an isolated cave microbiome. PLOS ONE 7: e34953.

Brockmann D & Helbing D (2013) The hidden geometry of complex, network-driven contagion phenomena. Science 342: 1337–1342.

Brolinson PG & Elliott D (2007) Exercise and the immune system. Clinics in Sports Medicine 26: 311–319.

Falush D, Wirth T & Linz B et al. (2003) Traces of human migrations in Helicobacter pylori populations. Science 299: 1582–1585.

Fätkenheuer G, Hirschel B & Harbarth S (2015) Screening and isolation to control meticillin-resistant Staphylococcus aureus: sense, nonsense, and evidence. The Lancet 385: 1146–1149.

Furuse Y, Suzuki A & Oshitani H (2010) Origin of measles virus: divergence from rinderpest virus between the 11th and 12th centuries. Virology Journal 7: 52.

Greaves I & Porter KM (1992) Holy spirit? An unusual cause of pseudomonal infection in a multiply injured patient. BMJ 305: 1578.

Gupta S (2017) Microbiome: Puppy power. Nature 543: S48–S49.

Hertzberg VS, Weiss H, Elon L, Si W & Norris SL (2018) Behaviors, movements, and transmission of droplet-mediated respiratory diseases during transcontinental airline flights. Proceedings of the National Academy of Sciences USA 115: 3623–3627.

Kirschner AKT, Atteneder M, Schmidhuber A, Knetsch S, Farnleitner AH & Sommer R (2012) Holy springs and holy water: underestimated sources of illness? Journal of Water and Health 10: 349–357.

König C, Tauchnitz S, Kunzelmann H, Horn C, Blessing F, Kohl M & Egert M (2017) Quantification and identification of aerobic bacteria in holy water samples from a German environment. Journal of Water and Health 15: 823–828.

Kuntz P, Pieringer-Müller E & Hof H (1996). Infektionsgefährdung durch Bißverletzungen. Deutsches Ärzteblatt 93: A-969–972.

Maixner F, Krause-Kyora B & Turaev D et al. (2016) The 5300-year-old Helicobacter pylori genome of the Iceman. Science 351: 162–165.

Markley JD, Edmond MB, Major Y, Bearman G & Stevens MP (2012) Are gym surfaces reservoirs for Staphylococcus aureus? A point prevalence survey. American Journal of Infection Control 40: 1008–1009.

Mc Cay PH, Ocampo-Sosa AA & Fleming GTA (2010) Effect of subinhibitory concentrations of benzalkonium chloride on the competitiveness of Pseudomonas aeruginosa grown in continuous culture. Microbiology 156: 30–38.

Meadow JF, Bateman AC, Herkert KM, O'Connor TK & Green JL(2013) Significant changes in the skin microbiome mediated by the sport of roller derby. PeerJ 1: e53.

Neu L, Bänziger C, Proctor CR, Zhang Y, Liu W-T &

Hammes F (2018) Ugly ducklings – the dark side of plastic materials in contact with potable water. NPJ Biofilms and Microbiomes 4: 7.

Panchin AY, Tuzhikov AI & Panchin YV (2014) Midichlorians—the biomeme hypothesis: is there a microbial component to religious rituals? Biology Direct 9: 14.

Pellerin J & Edmond MB (2013) Infections associated with religious rituals. International Journal of Infectious Diseases 17: e945-e948.

Rees JC & Allen KD (1996) Holy water – a risk factor for hospitalacquired infection. Journal of Hospital Infection 32: 51–55.

Sharp PM & Hahn BH (2011) Origins of HIV and the AIDS pandemic. Cold Spring Harbor Perspectives in Medicine 1: a006841.

Stein MM, Hrusch CL & Gozdz J et al. (2016) Innate immunity and asthma risk in Amish and Hutterite farm children. New England Journal of Medicine 375: 411–421.

Webber MA, Buckner MMC, Redgrave LS, Ifill G, Mitchenall LA, Webb C, Iddles R, Maxwell A & Piddock LJV (2017)Quinolone-resistant gyrase mutants demonstrate decreased susceptibility to triclosan. Journal of Antimicrobial Chemotherapy 72: 2755–2763.

Weber A & Schwarzkopf A (2003). Heimtierhaltung – Chancen und Risiken für die Gesundheit. Gesundheitsberichterstattung des

Bundes, Heft 19. Robert Koch-Institut in Zusammenarbeit mit dem Statistischen Bundesamt (Hrsg.), Berlin.Weber DJ, Rutala WA & Sickbert-Bennett EE (2007) Outbreaks associated with contaminated antiseptics and disinfectants. Antimicrobial Agents and Chemotherapy 51: 4217–4224.

Wood M, Gibbons SM, Lax S, Eshoo-Anton TW, Owens SM, Kennedy S, Gilbert JA & Hampton-Marcell JT (2015) Athletic equipment microbiota are shaped by interactions with human skin. Microbiome 3: 25.

4. DR. BAZILLUS UND MR. KEIM – 第四章 芽孢杆菌博士和病菌先生

Bockmühl DP (2017) Laundry hygiene-how to get more than clean. Journal of Applied Microbiology 122: 1124–1133.

Burton M, Cobb E, Donachie P, Judah G, Curtis V & Schmidt W-P (2011) The effect of handwashing with water or soap on bacterial contamination of hands. International Journal of Environmental Research and Public Health 8: 97–104.

Callewaert C, Lambert J & van de Wiele T (2017) Towards a bacterial treatment for armpit malodour. Experimental Dermatology 26: 388–391.

Callewaert C, Maeseneire E de, Kerckhof F-M, Verliefde A, van de Wiele T & Boon N (2014) Microbial odor profile of polyester and cotton clothes after a fitness session. Applied and Environmental Microbiology 80: 6611–6619.

Callewaert C, van Nevel S, Kerckhof F-M, Granitsiotis

Applied and Environmental Microbiology 78: 3317–3324.

Lang JM, Coil DA, Neches RY, Brown WE, Cavalier D, Severance M, Hampton-Marcell JT, Gilbert JA & Eisen JA (2017) A microbial survey of the International Space Station (ISS). PeerJ 5: e4029.

Martin A, Saathoff M, Kuhn F, Max H, Terstegen L & Natsch A (2010) A functional ABCC11 allele is essential in the biochemical formation of human axillary odor. Journal of Investigative Dermatology 130: 529–540.

Natsch A (2015) What makes us smell: The biochemistry of body odour and the design of new deodorant ingredients. CHIMIA International Journal for Chemistry 69: 414–420.

Natsch A, Gfeller H, Gygax P & Schmid J (2005) Isolation of a bacterial enzyme releasing axillary malodor and its use as a screening target for novel deodorant formulations. International Journal of Cosmetic Science 27: 115–122.

Peterson SN, Snesrud E, Liu J, Ong AC, Kilian M, Schork NJ & Bretz W (2013) The dental plaque microbiome in health and disease. PLOS ONE 8: e58487.

Probst AJ, Auerbach AK & Moissl-Eichinger C (2013) Archaea on human skin. PLOS ONE 8: e65388.

Raynaud X & Nunan N (2014) Spatial Ecology of bacteria at the microscale in soil. PLOS ONE 9: e87217.

Stapleton K, Hill K, Day K, Perry JD & Dean JR (2013) The potential impact of washing machines on laundry malodour generation. Letters in Applied Microbiology 56: 299–306.

Turroni S, Rampelli S & Biagi E et al. (2017) Temporal dynamics of the gut microbiota in people sharing a confined environment, a 520-day ground-based space simulation, MARS500. Microbiome 5: 39.

Wilson JW, Ott CM & Bentrup KH et al. (2007) Space flight alters bacterial gene expression and virulence and reveals a role for global regulator Hfq. Proceedings of the National Academy of Sciences USA 104: 16299–16304.